HONDA CT125
HUNTER CUB
CUSTOM & MAINTENANCE

表紙撮影＝佐久間則夫

CT125 HUNTER CUB
自然を駆けるハンターへ

どこへでも自由に走っていける。バイクという乗り物は時にそう評されるが、実はそうで無いこともまた多い。そんな制約の多くを取り払ってくれるハンターカブで、大自然の中を駆け抜ける。

写真＝柴田雅人　Photographed by *Masato Shibata*

HONDA CT125
HUNTER CUB
CUSTOM & MAINTENANCE

ホンダ **CT125ハンターカブ カスタム＆メンテナンス**

STUDIO TAC CREATIVE

CONTENTS
目 次

大きなキャリアに荷物を積んで走り出す

テント、シュラフ、焚き火台。椅子に食器に…、ああ、あれも。ちょっとしたキャンプに行こうと思っても、荷物は意外と多くなってしまう。

これまでだったら、どう荷物を積むかは悩みどころだが、ハンターカブでその必要はない。大きなリアキャリアは、荷物を満載したバッグをらくらく受け止めてくれる。

パパッと固定を終えたら、ヘルメットを被りいざ旅の世界へ。

荷物があってもハンターカブは普段と変わらず力強く走ってくれる。大排気量車のような目の覚める加速はさすがにできないけれど、道の流れを引っ張るには充分。ゆったりとしたポジションもあって、何のストレスもなく道を駆け抜けることができる。

幹線道路を離れ、山へと向かう道へと入る。思うままにバイクは曲がりくねった道に沿って走っていく。

CT125 HUNTER CUB
自然を駆けるハンターへ

新しい自分を生むための
何かを「狩り」に行く

CT125 HUNTER CUB
自然を駆けるハンターへ

気がつけばいつものキャンプ場が見えてきた。入り口をすぎればアスファルトは姿を消し、土の道は大きな石が混じってくる。

上下、時には左右に振られながら走り続ける。もちろん気を使うシーンだが、不思議とハンターカブなら大丈夫、そんな安心感に包まれる。道は緊張感だけでなく、雄大な景色、そして新鮮な空気ももたらしている。いい場所を見つけバイクを停める。荷物を降ろし素の姿となったハンターカブ。森の風景に溶け込むその自然さ、大きく広げたキャンプ道具を、生まれたままの状態で受け止めた懐の深さに改めて感心させられた。

舗装された道を、石にまみれた道を走ること。そうしてたどり着いた自然の中で過ごすこと。非日常の世界で時間を過ごし、日常に足りない何かを「狩り」に行く。頼もしい相棒と共に、ハンターとして走り続ける。

CT125 ハンターカブ

モデル紹介

登場以来高い人気を誇るハンターカブ。魅力に溢れたこの車両の
各部を紹介・検証することで、その秘密に迫っていきたい。

写真＝ホンダ／佐久間則夫 *Photographed by Honda／Norio Sakuma*

CT125 HUNTER CUB
大型リアキャリアが旅へといざなう

CT125 HUNTER CUB

CTを象徴するアップマフラー

CT125 HUNTER CUB

吸気部の独特なデザインが個性を生み出す

CT125 HUNTER CUB

ハンターカブらしさに溢れたスタイルが人気

バイクの代名詞といえるスーパーカブ。長い歴史を振り返れば、様々な派生モデルが誕生している。その代表的存在がハンターカブだろう。不整地にも対応した独特なスタイルは実用モデルとは一線を画し根強い人気を誇っていた。一時それは途絶え

たが、アウトドアイメージの派生モデル、クロスカブが登場。人気を得ると必然的にハンターカブの復活への期待の声が高まる。そういった中、2019年の東京モーターサイクルショーでコンセプトモデルが登場。そのスタイルほぼそのまま2020年に登場したの

がCT125ハンターカブだ。基本構成はスーパーカブC125を基としつつ不整地走行用にフレームを強化、エンジン特性も変更。スタイルも伝統のCTスタイルを保ちつつ現代のエッセンスを投入する。カブ系らしい扱いやすさもあり一躍人気モデルとなったのだ。

SPECIFICATION

車名・型式	ホンダ・2BJ-JA55	総排気量（cm³）		124	3速	1.15
全長（mm）	1,960	内径×行程（mm）		52.4×57.9	4速	0.923
全幅（mm）	805	圧縮比		9.3	減速比（1次/2次）	3.350/2.785
全高（mm）	1,085	最高出力（kW[PS]/rpm）		6.5[8.8]/7,000	キャスター角（度）	27°00′
軸距（mm）	1,255	最大トルク（N·m[kgf·m]/rpm）		11[1.1]/4,500	トレール量（mm）	80
最低地上高（mm）	165	燃料供給装置形式			タイヤ　前	80/90-17M/C 44P
シート高（mm）	800		電子式〈電子制御燃料噴射装置（PGM-FI）〉		後	80/90-17M/C 44P
乗車定員（人）	2	始動方式		セルフ式（キック式併設）	ブレーキ形式	
燃料消費率（km/L）		点火装置形式		フルトランジスタ式バッテリー点火	前/後	油圧式ディスク
・国土交通省届出値:定地燃費値（km/h）		潤滑方式		圧送飛沫併用式	懸架方式前	テレスコピック式
	61.0（60）〈2名乗車時〉	燃料タンク容量（L）		5.3	後	スイングアーム式
・WMTCモード値（クラス）		クラッチ形式		湿式多板コイルスプリング式	フレーム形式	バックボーン
	67.2（クラス 1）〈1名乗車時〉	変速機形式		常時噛合式4段リターン		
最小回転半径（m）	1.9	変速比　1速		2.5		
エンジン型式	JA55E	2速		1.55	メーカー希望小売価格（税込）　440,000円	
エンジン種類	空冷4ストロークOHC単気筒					

1. ヘッドライトは LED で、中央で分割される現代的なデザイン　**2.** アップライトなハンドルによりゆったりとしたポジションを創出。CT らしさの1つ、スクエアな大型ウインカー（こちらも LED）はハンドルにマウントされる　**3.4.** ハンドルスイッチは近年のホンダ車に共通のデザイン。左にヘッドライト上下切り替え、ホーン、ウインカーを、右にエンジンストップ、スターターの各スイッチを配置する　**5.** スピードメーターはデジタル式で、画面には速度、ガソリン残量、オドメーターが表示されるが、SEL ボタンを押すことでオドメーターをトリップメーター（A と B）に切り替えることができる

6.7. 自動遠心クラッチ採用で左手でのクラッチ操作が不要なタイの WAVE125の空冷単気筒 125cc がベースとなるエンジン。独自の吸気系により歯切れのよいパルス感とピックアップの良さを獲得している。ミッションはカブシリーズではおなじみの 4 段ロータリーで前側ペダルを踏むほどにシフトアップするが、停止時でないと4速からニュートラルには入らない安全装置を有する　**8.** 走行性能を考え、C125から追加されたトップブリッジにマウントされるメインスイッチ。その左奥にあるゴムプラグは純正のアクセサリーソケット用スペースをふさぐためのもの　**9.** スタイル的なポイントともなる吸気系。燃料をエンジンへ送るスロットルボディへつながる吸気ダクトは、口径や形状をチューニングすることで、エンジンのキャラクターを創造している

10. 吸気系の入り口はリアキャリア前方に設定。この長さが心地よい走りに必要だったのだ　11.12. ハンターカブらしさの1つと言えるアップマフラー。最低地上高を稼ぐため、不整地を考えたモデルでは必須といえる。アップマフラーはライダーの足との接触によるやけどが心配されるが、大型ヒートガード装着でしっかり対処されている　13. フロントブレーキはφ220mmディスクとピンスライド式2ポッドキャリパーを使ったディスク式。フロントのみ作動する1チャンネルABSが標準装備される　14. ベテランライダーの要望に応え、セルフスターターだけでなくキックスターターも装備。ブレーキペダルは泥が付いた靴でも滑りにくい形状とされる　15. シフトペダルはロータリー式ならではの後ろにも踏面を持つタイプだが、前側はかき上げができるスポーティなものを採用する。またステップは左右ともゴムを取り外すことができる。素のステップはオフロード車らしい爪付きデザインで、泥等が付いた靴でも安定したライディングを楽しめる　16. C125からストローク量を10mm伸ばしたテレスコピック式フロントフォーク。フェンダーは鋼板製で、ホイールは塗装仕上げのスチールリムにステンレススポークを組み合わせる　17. カブ系らしいデザインながら形状を工夫し足つき性に配慮したシート 18. ロックを解除しシートを持ち上げると現れる給油口。タンク容量は5.3Lを確保する。給油口のすぐ後ろにはヘキサゴンレンチが収められている

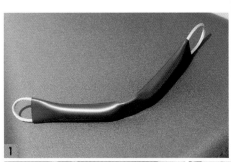

1.2. ハンターカブにはキーで操作するヘルメットホルダーではなく、ホルダーワイヤーをシート下のフックに掛ける形でヘルメットを固定する。このヘルメットホルダーワイヤーはリアキャリア下の書類入れの中に収納されている　**3.** 楕円パイプを採用したスイングアームはC125と共通ながら一般的な上部だけのチェーンカバーを組み合わせているのでイメージは大きく異なる。またドリブンスプロケットはC125の36Tから39Tとし荷物積載時の力強さと市街地でのキビキビした走りを意識した特性とされる。リアホイールはスポークホイールでタイヤはデュアルパーパスなIRC GP5、これはクロスカブ110と共通　**4.** リアブレーキにもディスク式を採用。キャリパーはピンスライド式1ポッドでディスク径はφ190mm　**5.** 横幅409mm, 前後477mmの大型リアキャリアはフラットな形状で箱状の荷物も積みやすい。中央部にはオプション部品用のボルト穴が2点設けられている　**6.** リアショックはブラック塗装されたロングタイプとし、最低地上高を確保。スプリングプリロード等の調整機構はない　**7.8.** リアキャリアの左下にあるのは書類入れ。シート下にあるヘキサゴンレンチで蓋のロックを解除する。容量は最低限で登録書類／取扱説明書、ヘルメットホルダーワイヤーを入れると、余地はほぼない　**9.** LED式のテールランプとスクエアな大型ウインカーを組み合わせたリアの灯火類。大型リアキャリアと相まって、CTらしさを醸し出すポイントの1つとなっている

CT125 HUNTER CUB

●フレーム

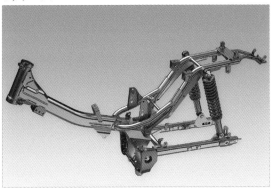

フレームはスーパーカブC125のものがベース。トップブリッジ付きフロントフォーク採用に併せたネック部の補強、ピボットプレートの追加で剛性を最適化しつつ、リアフレームを延長して大型リアキャリアに対応させる

●デザイン

かつてのCTの独自性あるスタイルを尊重しつつ現代の生活スタイルとの調和を図って作られたイメージスケッチ。CTらしいアップマフラー、エアクリーナーカバー等を過度に一体化させない造形がポイントとなっている

●ポジション

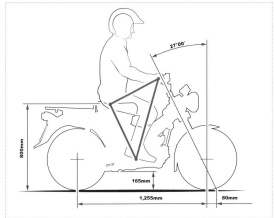

アップハンドルの採用で、よりリラックスした姿勢とされたポジション。ベースとなったC125に比べホイールベースを10mm延長、シート高は20mm高められ、最低地上高は40mmアップの165mmに設定される

●出力特性

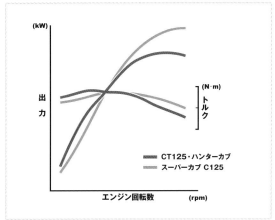

この図は同系統のエンジンを使うスーパーカブC125とのエンジン出力の比較をしたもの。ハンターカブは低中回転域でのトルクを重視したセッティングがされているのが読み取れる

カラーリングはこれまで紹介してきた車体の「マットフレスコブラウン」の他、伝統のCTカラーとも言える写真の「グローイングレッド」の2カラーを設定する

CT125ハンターカブの源流を探る

スーパーカブの派生モデルとして登場し、長い伝統を持つCTシリーズ。CT歴代モデルと関連するアウトドアレジャーモデルを解説していくことにしよう。

写真＝ホンダ／佐久間則夫　Photographed by Honda ／ Norio Sakuma

スーパーカブ・アウトドアレジャーモデルとは

経済性に優れ扱いやすい日常の足として、現在もホンダの象徴の1つといえるスーパーカブ。半世紀以上前から世界進出していたカブに、北米市場での要請に応える形で1961年登場したのがCA100Tトレール50だ。これは市街地のみならず山間部での狩猟や農園管理、さらに釣りやキャンプといったレジャーにも活躍範囲を広げたモデルだった。これを受け国内でも同様コンセプトのハンターカブが登場、以降大型リアキャリアやアップマフラーを装備するなど積載性や登坂性能に優れ、不整地走行に配慮したアウトドアレジャーモデルが展開される。そして1964年、初めてCTの名を冠したCT200トレール90が登場し、1968年には二輪車初の副変速機を備えたCT50が、1981年にはトレッキングバイクの入門モデルとしてCT110が販売され、それぞれハンターカブの愛称で親しまれた。一時これらスーパーカブ・アウトドアレジャーモデルが途絶えたが2013年、アウトドアイメージのスタイリングを採用したクロスカブが登場、現在2代目となるヒットモデルへ。そして2020年、満を持してCT125としてハンターカブが復活することになるのである。

CT50

国内初のCTを冠したモデルであり、二輪初の副変速機を備えた注目すべきモデルだ。

1968年、スーパーカブC90やC90Mと同時に発表された「ホンダCT50」は、メインとなる変速機に加え、スーパートルクと呼ばれる副変速機を二輪車で初採用。大量積載や登坂性能に優れ河川やダム等の工事現場や山間部の業務用、釣りや狩猟といったレジャーに対応できる車両として生み出された。アップマフラーを装備し、アンダーフレームが追加されるものの、全体のスタイルはスーパーカブとの類似点が大きいが、小排気量の場所と使い方を問わない車両として、革新的な存在と言えた。

アップマフラー、ガード付きアンダーフレーム、パイプハンドル、そして副変速機と独自仕様を持つがフロントはボトムリンク式のままで、のちのCTシリーズに比べスーパーカブのスタイルを色濃く残す

CT110

「ハンターカブ」のイメージを決定づけた
トレッキングバイクの入門モデル

　自然の中でのツーリング、トレッキングを主とするトレッキングバイクとして1981年に登場したのがCT110だ。海外モデルCT90の後継と言え、エンジンは105ccへ拡大。7.6馬力を発揮する。車体はCT90の途中から採用されたテレスコピック式フォークを備え、灯火類も独自デザインとなりスーパーカブとは異なるバイクという趣を強くした。初期モデルで一旦廃止された副変速機は翌年復活。トレッキング用として、また農場や牧場における道具として、特に海外では長年愛されていくことになる。

国内仕様の写真。副変速機が無いためスプロケットカバーがスッキリとしたデザイン。国内販売は1年のみと短命だったが、オーストラリア向けに2012年まで生産されるなどロングセラーバイクであった

クロスカブ

長い空白を経て復活した、スーパーカブの
トレッキングモデル

　スーパーカブがフルモデルチェンジされた2012年。それは新しい時代の到来を思わせるものだったが、翌2013年、その新型をベースにしたクロスカブが発売された。レッグシールドにダウンマフラーとスーパーカブから受け継がれた部分も多いが、パイプハンドルを使ったアップライトなポジション、高められた最低地上高と、ハンターカブを連想させるスタイルは大きな反響を得ることとなった。車名は「スーパーカブのパーソナルユース」と「遊びの要素」のクロスオーバーを意味する。

基本構成は基となるスーパーカブを色濃く感じさせるが、高められた最低地上高とアップライトなポジションにより乗った印象はかなり異なるものだった

クロスカブ110

**フルモデルチェンジでイメージを
一新した2代目クロスカブ**

2018年、前年にフルモデルチェンジしたスーパーカブに続く形で登場したのが、マイナーチェンジされつつ現在も販売されている2代目クロスカブ110だ。スーパーカブと同じ丸みを帯びたリアフェンダーやサイドカバーといった部分から感じる懐かしさと、フロントセクションがもたらす初代クロスカブやCT110との関連性が生むデザインは秀逸で、販売直後から高い人気を得ている。その高い人気があったことが、CT125の登場を大きく促したと言えよう。価格は2021年モデルで税込み341,000円とリーズナブルなのもありがたい。

初代クロスカブ110に比べるとレッグシールドが無くなり、リア周りも伝統的なスーパーカブを思わせる丸みを帯びたフェンダー＋別体テールランプへと変貌。古さと新しさが同居したデザインとなった

1. 大きく上に立ち上げられたハンドルによりリラックスできるポジションを実現　2. フロントタイヤはCT125と同サイズ・同銘柄を採用。ブレーキはドラム式　3. 初代から一転、コンパクトなヘッドライトで軽快感を生み出しつつガードを取り付けハードさもキープ　4. 排気量109ccの空冷単気筒エンジンは、最高出力5.9kw/7,500rpm、最大トルク8.5Nm/5,500rpmを発揮　5. スーパーカブ同様のダウンマフラーだがスリット付きガードを取り付けトレッキングイメージを追加　6. リアキャリアはスーパーカブと同形状のものをブラック仕上げとして装着。充分な大きさがあり実用面で困ることはまずない。テールランプはキャブレター時代のスーパーカブを彷彿とさせるデザイン。現行モデルは、法規対応のため変更されている

クロスカブ50

独自スタイルを与えられた
クロスカブのベーシックモデル

　2018年、2代目クロスカブ110が登場したのと同時に設定されたのがクロスカブ50だ。基本的なスタイルは兄貴分である110と共通ではあるが、前後ホイールを17インチではなく14インチと小径化。最低地上高を157→131mmへ、シート高を784→740mmとダウンしたことにより、扱いやすさを更に増している。最小回転半径は0.1m少ない1.9mとなったが、より大柄なCT125も同値である点は興味深い。50ccエンジンは、もちろん110と比べると非力だが、一般的な道を走る分には充分といえ、不足なく走りを楽しめる。

新設定されたクロスカブ50。14インチホイール採用によるコンパクトで塊感あるデザインが異なる魅力を生む。細部の色使いの違いにも注目

1. ハンドルは110よりも高さを抑えたデザイン。ハンドルスイッチがアルミキャスト製になっているのも50ならではのポイント　2. 49ccの空冷単気筒エンジンはボアφ37.8mm、ストローク44mmから最高出力2.7kW/7,500rpm、最大トルク3.8Nm/5,500rpmを発生する　3. 14インチのスポークホイールには70/100サイズのタイヤをセット。ブレーキは110同様ドラム式だ　4. 110と同じデザインを踏襲するメーターだが、速度スケールは60km/hまでとなる　5. シートのデザインは共通。燃料タンク容量もクロスカブ110同様4.3L　6. 樹脂製カバーで覆われたチェーン周りは、クロスカブ、そしてスーパーカブで共通のディテール。なおクロスカブ50のテールランプも、現行モデルはこの初期型から変更されている

充分なパワーと扱いやすい車体

　普段から古いスーパーカブ70を足として使っているだけに、ハンターカブとはいかなるバイクなのか、心躍らせて試乗することとなった。まずポジションからチェックしていきたい。筆者の身長は175cm、愛車のスーパーカブなら両足べったりで膝が少し曲がるくらい。対するハンターカブはかかとが浮く。最低地上高を確保した結果シート高が高くなっていることと、アップマフラーということもあり足がやや開いて地面に伸びることが影響している。ただ車両が軽く、上半身はゆったりしているので取り回しに不安を感じることは無かったことを追記しておく。

　さて走らせてみると、さすが125ccで以前乗ったクロスカブ110よりもパワフル。一般的な坂道であれば、トップである4速だとしてもアクセル一捻りで充分な加速が得られる。ちなみにギア比的には各ギアで引っ張った時での最高速度は1速でおよそ40km/、2速で60km/hほど、そこから上は1段ごとに20km/hほど増速されるイメージだった。個人的には最高速や燃費の面では少々不利になるが、もう少し二次減速比を加速型にしても面白いように感じられた。

　それを受け止めるブレーキはどうだろう？ クロスカブのドラムからディスクとなったこともあり、性能向上は間違いないと想像していたが、実際の性能は強力の一言。ABSも装備されているので安心してブレーキングできる。

　ハンドリングも非常に素直でまったくクセが無く、乗ってすぐに違和感なく走ることができた。ちょっとしたオフロードも試乗してみたが、車体構造上、車体のホールドが得意ではないので、あまりハードな道はおすすめできない。もちろん一般的な未舗装路程度なら不安はない。

　扱いやすく適度なパワーでマルチなシーンにマッチする。ヒットするのも納得であった。

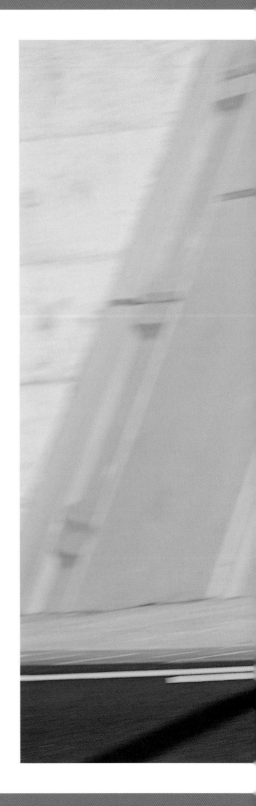

期待のニューモデルとして登場し大ヒットしているハンターカブ。その走りはどういったものなのか、走行インプレッションを通じて解き明かす。

写真＝柴田雅人　*Photographed by Masato Shibata*

フラットなエンジン特性で、カーブが続く山道でも気負いなく走ることができる。その安心感は、予測可能で素直なハンドリングと強力なブレーキも大きく寄与している。ハンドルのキレ角も上々で、やや大柄な車体に関わらず小回りでは不満を感じさせない

カスタマイズパーツカタログ CUSTOMIZE PARTS CATALOG

ここでは、ハンターカブ用のカスタマイズパーツとして純正カタログに掲載されているパーツ群を紹介する。問い合わせ先は商品ごとに異なるので、右の表を参照してほしい。

Honda純正 =	Honda お客様相談センター Tel.0120-086819　URL https://www.honda.co.jp/bike-accessories/
社外品 =	ホンダモーターサイクルジャパン Tel.03-5993-8667

Around Handle
ハンドル周り

触れる機会が多く、乗車時に目に入ることが多いハンドル周り。実用品からドレスアップ品まで紹介する。

SP武川 アルミビレットレバー 社外品

レバー距離を6段階で調整できるアルミ削り出しレバー。レバー部は可倒式で転倒時に折れ曲がったり破損したりしにくい

¥10,560

キタコ ビレット削り出しレバー 社外品

シンプルな造形ながら、削り出しならではの高級感が得られるブレーキレバー。ブラックアルマイト処理で仕上げられている

¥5,500

SP武川 クロームメッキレバー 社外品

形状は純正そのままにクロームメッキ仕上げとすることで高級感をアップさせたブレーキレバー。アルミ製

¥4,378

プロト BIKERS プレミアム
アジャスタブルフロントブレーキレバー 社外品

フラット形状の調整式レバー。色は全5色

¥10,780

プロト BIKERS
アジャスタブルフロントブレーキレバー 社外品

6段階で位置調整が可能。5つのカラーあり

¥7,040

キタコ バーエンドキャップ 社外品

黒一色のハンドル周りに色を添える、レッドアルマイト処理が施されたアルミ製バーエンド。KITACO のロゴが入れられる

¥5,280

SP武川 アクセサリーバーエンド 社外品

ステンレス素材で作られた、美しい造形と仕上げのバーエンド。TAKEGAWAロゴがレーザーマーキングされる

¥4,180

SP武川 2ピースバーエンド 社外品

インナーとアウターの2ピース構造としたバーエンドで、豊富なカラーバリエーションがラインナップ。アルミ製アルマイト仕上げ

¥4,290

SP武川マスターシリンダーガード 社外品

シルバー、レッド、ゴールドの３色から選べる、アルミ削り出しのマスターシリンダーガード。大きな存在感でハンドル周りを彩る

¥3,080

モリワキマスターシリンダーキャップ 社外品

MORIWAKIのロゴが際立つパーツ。アルミ削り出しのキャップは、シルバー、ブラック、チタンゴールドの各アルマイト仕上げが選択可能

¥3,850

デイトナ PREMIUM ZONE 社外品
角型マスターシリンダーキャップＨ

個性的なデザインが映えるキャップ。4色あり

¥5,390

SP武川カーボニッシュ 社外品
ポリゴンミラーセット

エッジの効いたデザインのカーボン柄ミラー

¥2,750

SP武川 Zミラーセット 社外品

ショートとミドル、２種類のアームが付属するミラーキット。ミラーケース中で鏡面部分のみが動かせるので取り付け後の微調整が可能

¥4,180

モリワキハンドルアッパーホルダー 社外品

シルバー、ブラック、チタンゴールドの各仕上げが選べる、アルミ削り出しのドレスアップパーツ。MORIWAKIのロゴが気分を盛り上げる

¥7,150

キタコ ハンドルアッパーホルダー 社外品

アルマイトカラーと凝った造形でハンドル周りに個性をプラスするアイテム。レッドの他、シルバー、ブラック、ゴールドの各色あり

¥7,150

プロトBIKERSハンドルバークランプ 社外品

落ち着きを感じさせるスキャロップ仕上げを採用したハンドルバークランプ。アルミ製でカラーはブラック、レッド等、計5色から選べる

¥7,480

キタコ ハンドルブレース 社外品

ハンドルの剛性アップが図れると共に、トレッキング感をアップしてくれるブレース。カラーはシルバー、ゴールドもあり

¥7,700

キタコ マルチパーパスバー 社外品

ハンドルクランプ部に取り付けるアイテムで、ハンドルに取り付けるタイプの各種アクセサリーがマウント可能

¥4,620

SP武川 ハンドルガード 社外品

直径 22.2mm のパイプを使ったハンドルガードで、パイプ部分にはハンドルクランプタイプのアクセサリーが取り付けられる

¥8,250

キタコ キーボックスカバー 社外品

3次元造形が個性を生むアルミ製のキーボックスカバー。両面テープで装着する。レッドの他、ブルー、ゴールドがラインナップ

¥1,210

SP武川メインスイッチカバー `社外品`

貼り付けるだけと装着簡単な、メインスイッチドレスアップ用のカバー。アルミ削り出し製でアルマイトカラーは5色を用意する

¥1,078

プロト BIKERS マスターシリンダークランプ `社外品`

5色から選べるマスターシリンダークランプ

¥1,430

キタコ ヘルメットホルダー `社外品`

アルミ製アルマイト仕上げとなる、マスターシリンダー部に取り付けるヘルメットホルダー。純正グリップヒーターとの併用不可

¥3,080

SP武川 ヘルメットホルダーセット `社外品`

ブレーキマスターシリンダー部に取り付けるヘルメットホルダー。いじり防止ボルトで取り付ける。オリジナルキー付属

¥3,960

アクセサリーソケット `Honda純正`

電装品の充電に便利なソケットで、メーター左部に取り付ける。純正グリップヒーター、SP武川LEDフォグランプキットとの同時装着不可

¥3,300

グリップヒーター `Honda純正`

発熱体に合金ステンレスを使ったホンダ独自の半周タイプグリップヒーター。電圧が低下した際、自動的に電源供給を中止し愛車を保護

¥18,150

Loading 積載関係

荷物が多くなるロングツーリング派にお勧めしたい、積載能力をアップするアイテムを紹介しよう。

キタコ センターキャリア `社外品`

耐久性のあるスチールで作られたキャリア。ブラック塗装仕上げで、許容積載量は0.5kgとなる

¥7,700

SP武川センターキャリアキット `社外品`

車両のレッグシールド部に取り付けるセンターキャリア。ブラックとメッキ、2つの仕上げがある。荷物固定に便利なゴムロープ付き

¥10,780

キタコ フロントキャリア `社外品`

許容積載量1.0kgのフロントキャリア。積載性をアップするとともに、旅バイクとしてのイメージ作りにも貢献する

¥5,500

ビジネスボックス `Honda純正`

長さ485mm、幅385mm、高さ315mmの樹脂製で容量は約58L。要別売アタッチメント。ワンタッチロックタイプと簡易ロックタイプ有

¥9,790/14,300

ラゲージボックス `Honda純正`

高い耐久性を持つスチール製ボックスで容量は約39L。取り付けには別売の取付アタッチメント（¥1,980）が必要となる

¥9,900

Around Engine
エンジン周り

バイクの心臓部であるエンジン。カスタムによって彩りを追加し、個性をアップしていきたい。

SP武川オイルフィラーキャップ `社外品`

ドレスアップ効果を高めてくれるアルミ削り出しのオイルフィラーキャップ。カラーはレッド、ブラック、シルバーの3カラーから選択可能

¥2,420

モリワキオイルフィラーキャップ `社外品`

独特な形状がエンジンに個性を加えるアルミ削り出しオイルフィラーキャップ。カラーはブラックと写真のチタンゴールドの2種

¥3,850

キタコ `社外品`
オイルフィラーキャップタイプ2

アルミ製アルマイト仕上げ。カラーは黒、銀、金、赤

¥3,080

キタコ `社外品`
オイルフィラーキャップタイプ1

レッドとゴールドがあるオイルフィラーキャップ

¥3,960

キタコ 右ケースカバーリング `社外品`

複数のリングを積層する独特なスタイルのケースカバー。最上部の部品はレッド、またはガンメタリックの2カラーからチョイスできる

¥9,900

SP武川アルテックボルトキット `社外品`

ノーマルのカバープロテクター固定ボルトと交換するドレスアップパーツ。カラーはシルバー、ブルー、ゴールド、写真のレッドがある

¥550

キタコ `社外品`
タイミングホールキャップSET

レッド、ブラック、シルバー、ゴールドの4色あり

¥4,180

SP武川ジェネレータープラグキット `社外品`

ノーマルジェネレータープラグとタイミングホールを置換するアルミ削り出しのプラグセット。3つのカラーを用意

¥4,620

Seat
シート

ライディング中の快適性を左右するのがシート。いずれも装着簡単で効果的なアイテムを紹介していく。

SP武川 クッションシートカバー `社外品`

滑りにくい表革を使ったシートカバー。簡単取付でイメージチェンジもできる。ステッチのカラーはホワイトとレッドが選べる

¥4,180

SP武川 クッションシートカバー `社外品`

ツートーンカラーの表革がスタイルをアップさせるだけでなく、充分なグリップも追加してくれるシートカバー

¥4,180

SP武川 クッションシートカバー 社外品

表革に滑りにくい生地とダイヤモンドステッチを使ったシートカバー。カラーはブラックとブラウンの2タイプから選べる

¥5,280

SP武川 エアフローシートカバー 社外品

通気性とクッション性に優れたシートカバー。ノーマルシートに被せるだけの簡単装着で機能アップが図れる

¥2,750

SP武川 ピリオンシート 社外品

純正リアキャリアへ簡単装着できる、ピリオンシート。タンデムライダーの快適さを高められる。縦横約300mm、厚さ65mm

¥7,920

Exhaust Muffler
マフラー

スタイルを大きく変え、走行性能にも影響を与えるマフラー。掲載品はいずれも安心して使える逸品だ。

社外品

モリワキ CT125MONSTER

モリワキ伝統スタイルのサイレンサーを使ったマフラーでエキパイはステンレス製。各規制に適合し、安心して公道使用できる

¥63,800

モリワキ CT125MONSTER 社外品

ステンレス製ブラックエキパイを使ったフルエキゾーストマフラー。サイレンサーはアルミ製となる。道路運送車両法に基づいたアイテム

¥63,800

SP武川 スクランブラーマフラー 社外品

レトロ感があるヒートプロテクターを標準装備するスクランブルスタイルマフラー。サイレンサー出口はデュアルパイプを使用する

¥49,500

SP武川 スポーツマフラー 社外品

ノーマルのヒートプロテクターが装着可能なノーマルルックマフラー。安心の政府認証品でスチール製

¥38,500

Other
その他

最後はスタイルアップや実用性向上など、様々なジャンルのカスタムパーツを紹介していく。

キタコ ブッシュガード 社外品

写真のステンレス製ポリッシュ仕上げとスチール製ブラック塗装仕上げが選べる。足を草などから守れるアイテム

¥17,600/18,700

SP武川 サブフレームキット 社外品

太いパイプを使うことで外観のボリュームをアップし、タフさとトレッキングスタイルを高めてくれるアイテム。ブラックとメッキあり

¥14,300/17,600

SP武川LEDフォグランプキット 社外品

濃い霧や激しい雨の時に被視認性を向上する。取り付けにはSP武川サブフレームキットが必要となる。ランプ2個と1個のタイプがある

¥14,080/22,880

社外品
キタコ スキッドプレート

エンジン底面をガードしてくれるスキッドプレート。トレッキングスタイルをアップするにも効果的なアイテム。ブラックとシルバーを用意する

¥26,400

SP武川
ワイドビレットステップキット 社外品

ワイドでグリップポイントを追加したステップ

¥18,480

SP武川
アジャスタブルステップキット 社外品

7ポジションに変更できるアルミ製ステップ

¥15,180

SP武川
ステンレスステップジョイント 社外品

耐久性の高いステンレス製ステップジョイント

¥3,080

デイトナ ヘルメットホルダー 社外品

左側ツールボックス部分に取り付けるヘルメットホルダー。駐車時のヘルメット固定がクイックに行なえるようになる

¥3,960

SP武川ヘルメットホルダー 社外品

キャリア側面に取り付けるヘルメットホルダーで、ツールボックスを移設し、ホルダー本体をマウントするステーが付属する

¥15,180

キタコ リアショック 社外品

イニシャルプリロードが無段階で調整できるオイルダンパー式リアショック。価格は1本分で、1台で2本必要となる

¥7,040

SP武川リアショックアブソーバー 社外品

減衰力特性を向上させ安定した走行を実現。スプリングカラーはブラック、メッキ、イエロー、レッドの4つが用意されている

¥12,650

SP武川リアフェンダーガード 社外品

テール周りのトレッキングスタイルを高めてくれるアイテム。スチール製でカラーはシルバーとブラックの2タイプをラインナップする

¥9,680

アラーム / インジケーターランプ Honda純正

振動を検知すると警告音が鳴る盗難抑止機構（写真左）。システム作動状態が分かる別売のインジケーターランプ（写真右）との併用が効果的

¥6,578/1,320

CT125 HUNTER CUB

BASIC MAINTENANCE

CT125ハンターカブ
ベーシックメンテナンス

高い設計・生産の技術によりロングライフを実現している近年のバイク。それでも消耗する部分はあり、その部分の手当をしないと安全・安心して走ることはできない。ここでは基本のメンテナンスを解説する。

写真＝柴田雅人　Photographed by Masato Shibata
取材協力＝ホンダモーターサイクルジャパン /Honda Dream 羽生

WARNING 警告

● この本は、習熟者の知識や作業、技術をもとに、編集時に読者に役立つと判断した内容を記事として再構成し掲載しています。そのため、あらゆる人が作業を成功させることを保証するものではありません。よって、出版する当社、株式会社スタジオ タック クリエイティブ、および取材先各社では作業の結果や安全性を一切保証できません。また作業により、物的損害や傷害の可能性があります。その作業上において発生した物的損害や傷害について、当社では一切の責任を負いかねます。すべての作業におけるリスクは、作業を行なうご本人に負っていただくことになりますので、充分にご注意ください。

● 使用する物に改変を加えたり、使用説明書等と異なる使い方をした場合には不具合が生じ、事故等の原因になることも考えられます。メーカーが推奨していない使用方法を行なった場合、保証やPL法の対象外になります。

適切なメンテナンスで安全に楽しく乗ろう

スーパーカブシリーズは、あらゆる人が、手軽に扱えるよう進化を続けてきた。ハンターカブもその血筋を受け継いでいるため、非常にタフな設計がなされている。だがそれは何もしなくても延々と乗り続けられることとイコールではない。走るほどにタイヤやブレーキパッドは減り、エンジンオイルは劣化する。そうなれば本来の性能が得られなくなり危険であるだけでなく、愛車の寿命を縮めてしまう。劣化する部分をすべて自分で整備するのは難しいが、初心者でも点検はすることができる。点検で異常が認められたら、できることは自分でしつつ、難しいと思ったらプロに頼むのが重要だ。

主なメンテナンスポイント

1.タイヤ
走るほどに摩耗するタイヤ。溝の深さが規定量あるか点検するのはもちろん、傷や異物刺さり、空気圧もまた、重要な点検ポイントとなる。

2.ブレーキ
ディスクブレーキのブレーキパッドは、摩擦材を削りながら動作し、それが無くなると性能は一気に低下する。定期的な残量確認は必須だ。

3.エンジンオイル
エンジンオイルも代表的な消耗品。走行距離はもちろん時間の経過でも劣化することを覚えておこう。また量の点検はこまめに行なうこと。

4.ドライブチェーン
ドライブチェーンは使うほどに摩耗により全長が伸び、たるみが増える。たるみが規定量を超えるとシフトタッチ悪化など悪影響が出てしまう。

タイヤの点検

地面に対する唯一の接点であるタイヤ。その状態が悪ければ走行性能は著しく悪化する。こまめに点検を実施したい。

01 乗車前にはタイヤ接地面の状態を確認し、異物が刺さっていないか、溝が充分残っているかをチェックする

02 溝の良否はスリップサインで確認する。まずタイヤ側面に三角印（○印部）がある所を見つける

03 三角印の延長線上には、スリップサインがある。これが表面に出て溝を分断していたらタイヤの交換時期だ

04 月に一度程度はタイヤの空気圧を確認する。まずフロントから空気圧計を使いチェックする。モデル車両は走行した感じから問題なしと思っていたが、適正値から20％ほども少ない値だった

05 リアも点検する。点検時はバルブにあるキャップを外すが、破損等を避けるため、点検後は確実に取り付けること。リアもフロント同様、適正値からの低下が見られたので補充している

CHECK

適正空気圧は、チェーンケース前端部のラベルに記載され、フロント175kPa、リア225kPaが指定されている

ブレーキの点検

バイクに安全に乗る上で、完全な作動をまず第一に確認したいのがブレーキ。こちらも、こまめかつ定期的な点検が必要だ。

●フロント

01 フロントから点検していく。まず動作の確認。右レバーを握り、しっかりとしたタッチがあるか、握った状態で前後に揺すっても動かないかを乗車前に点検する

02 同じく乗車前には、ホイールにあるブレーキディスクやキャリパーに異物付着等異常がないか点検する

03 月に1度程度はブレーキキャリパーのパッドの残量をチェックする。写真左のように、後ろ下側からディスクを挟むブレーキパッドを覗き、摩擦材側面にある溝がディスクに達していたら交換時期だ

●リア

04 パッドの摩耗はマスターシリンダーでも分かる。センタースタンドを立て水平にした時、液面が印を下回っていると摩耗が進んでいる可能性が高い

01 ブレーキの動作確認はリアでも行なう。乗車して足で踏むか、センタースタンドをかけ手で押してチェックする

02 フロント同様、リアもブレーキ装置周辺に異常がないかを確認する。異常があれば絶対乗ってはいけない

03 リアのブレーキパッドは、写真左のようにキャリパーと水平位置の後ろから見る。こちらも、摩擦材側面にある溝がディスクに達していたら交換時期なので、ショップに交換を依頼しよう

04 リアのブレーキ液の液面は、右サイドカバー内の穴から見える。矢印で示した線より下なら摩耗が疑われる

灯火類の点検

灯火類は、周囲に自分の存在と行動を知らせることで安全性を高めてくれる。LEDで故障は少ないが点検は欠かさないこと。

01 灯火類は乗車前に必ず点検することが望ましい。まずヘッドライトから。スイッチでライトの向きを切り替え、上向き（写真左）、下向き（写真右）とも正常に点灯するかを確認する

02 テールランプは、メインスイッチON時にポジションが点灯するか、ブレーキ操作時に点灯するかをチェック

03 テールランプ底面にはナンバー灯がある。手をかざしてメインスイッチON時に点灯しているかをみる

04 ウインカーを操作し、前後、左右とも操作に応じて点灯するかを確認しておく

エンジンオイルの点検と交換

エンジンの性能発揮に欠かせないオイルは、代表的な消耗品の1つ。状態を確認し走行距離に応じて交換すること。

●点検の手順

01 乗車毎にオイルの量を点検する。平らな場所でセンタースタンドをかけ、エンジンが冷えている場合、3〜5分アイドリングさせる。エンジンを止め2〜3分待ち、レベルゲージを左回りに回して外す

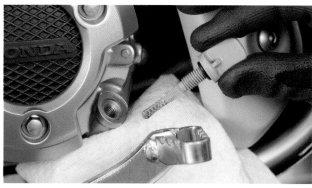

レベルゲージ先端には、間にクロスした斜め線がある2本の線がある。一旦、その付近に付いたオイルを布等で拭き取った後、もとあった穴にゲージを戻す（ねじこまない）。再びゲージを抜き、付着したオイルの上端が線の間にあればOK。ゲージ先端の線（下限）より下なら補充が必要だ

02

●交換の手順

01 新車から1,000km、その後は3,000km走行または1年毎がオイル交換時期。平らな所でセンタースタンドをかけ、下にオイル受けを用意しつつ、エンジン下のドレンボルトを17mmレンチで外しオイルを抜く

02 オイルが抜けきったらドレンボルトを付け直し、写真位置のオイルフィラーキャップを左回しに回し外す

03 オイルフィラーキャップは単なる蓋で、オイル量を量るゲージはない

給油口から新しいオイルを入れる。規定量は0.7Lで推奨オイルはホンダ純正ウルトラG1。溢れないようゆっくり規定量を入れたら、オイルフィラーキャップを閉める **04**

ドライブチェーンの点検と調整

エンジンの力を後輪に伝えるドライブチェーン。使い続けるとたるみが増え、異音がしたりシフトフィールが悪化してしまう。

ドライブチェーンはサビや固着がないか、そしてたるみを点検する。たるみは、チェーンと組み合わされる前後のスプロケットの中間点で点検する **01**

02 たるみは定規を使い、何もしない状態と一番上まで持ち上げた時の移動量で判断する。35mmを超えているようなら調整が必要だ

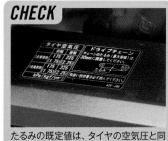

CHECK

たるみの既定値は、タイヤの空気圧と同じラベルに記載されている。分からなくなったら、ここで確認しよう

●調整の手順

01 たるみは規定以上になっていたら調整する。平坦な所でセンタースタンドをかけ、車体左側から14mmレンチでアクスルシャフトを押さえながら、左側のナットを19mmレンチで緩める

02 チェーンアジャスターにある根元側のナットを12mmレンチで押さえ、先端側のナットを10mmレンチで緩める

03 先端側のロックナットを充分緩め、スイングアーム側面の線を参考に左右で同じ分だけ根元のナットを時計回りに少しずつ回してチェーンを張り、たるみを既定値に合わせる

04 たるみが適正になったら、根元のナットを固定しつつ、先端のナットをしっかり締めてロックする

05 左側からアクスルシャフトを押さえながら、ナットを確実に締めて固定する。不安ならショップに依頼しよう

チェーンの清掃と給油

チェーンは走らせたり雨に濡れたりすることで汚れてしまう。汚れると抵抗になり走行性能を下げるので、掃除が必要だ。

掃除用のクリーナーやオイルがホンダ純正として用意されているので、揃えておけば安心

まずチェーンクリーナーをチェーンに吹き付け、ウエスやブラシで汚れを落とす。チェーン全周で作業すること

タイヤにかからないよう注意しながら、チェーンのローラー部へ、内周側からオイルを塗布する。塗り過ぎないように

バッテリーとヒューズの点検

メインスイッチをONにしても反応しない、セルモーターが回らない等、電装系に問題があったら点検したいポイントだ。

01 センターカバーを外す。まずこの位置のボルトを5mmのヘキサゴンレンチ（付属品でもOK）で外す

02 カバーの左後端にある、黒いクリップを外す。中心の丸い部分を押して凹ませると、ロックが外れ引き抜ける

CHECK

固定用のクリップは、このように中心部が凹んだ状態だと、取り外すことができるが、取り付け時には操作が必要

03 取り付け時は、中心にある棒をツバ側に押し、この状態にする。取り付け穴に差し、凸部を押せばロックされる

04 カバー左側の分割面を自動車用内装外し等でこじり、固定用の爪を解除する。爪の位置は下記を参照

05 爪を解除し左側を浮かせたら、右側を前側から浮かせるようにして取り外していく

06 ○印の部分に爪がある。ただ右側の一番後ろだけはL字型で後ろ向きに噛み合う形になっているため、他のように上に持ち上げても外れず、他が外れたあとで前に引く必要がる

07 メインカバーを外すとカバーに覆われたバッテリーが出てくる。中心部には交換用のヒューズが2つある

08 バッテリーカバーを外す。まず向かって左、この位置にあるボルトを5mmのヘキサゴンレンチで外す

09 続いて向かって右下、この位置にあるボルトも、同じレンチで外す

43

10 カバーの向かって右上はクリップで留められているので、中心部を押してロックを解除し、取り外す

11 カバーを手前に引けばバッテリーが出てくる。カバーにサブヒューズがあるがそのままでは蓋が開かない

12 カバーとヒューズケースの間に爪があるので、細いマイナスドライバーで爪を押しつつケースを上に引く

13 ケースを分離すれば蓋が開けられるので、中のヒューズが切れていないか点検する

14 矢印で示しているのがヒューズケースを留めている爪。これをカバー側に押し込むことで抜け止めが解除され、爪があるレールからヒューズケースを上に引き抜ける。取り付け時は上から下に差し込むだけ

15 その他のヒューズを点検する場合は、バッテリーカバーを裏返す

16 バッテリーカバー裏側にはヒューズボックスが取り付けられているので、ボックス中央部左右にある爪を起こして、カバーから取り外す

17 ヒューズボックスを開けるとヒューズが分かる。蓋の裏側にはどこが何のヒューズかを示す案内がある

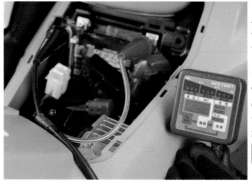

18 バッテリーを点検する際は、端子にテスターを装着して行なう。電圧がエンジンOFF時に12.6V以上、セルを回した時10V以上ならOK、NGなら充電する。また写真のような専用のテスターで点検すると、バッテリーの劣化がより正確にわかるので安心だ

ブリーザードレンの清掃

1年ごとの整備が指定されているのがブリーザードレン。堆積物を取り除かないと、エンジン性能の維持に影響が出る。

01 ブリーザードレンは左ステップの上、この位置にある、透明なビニール製のキャップのような部品だ

02 根元がクリップで留められているので、ラジオペンチでクリップを掴んで広げ、ブリーザードレンを下にずらす

ブリーザードレンを抜いたら、中の堆積物を取り除き、元に戻す。ドレンをパイプ奥まで差し込み、クリップをパイプ先端の膨らみより奥に位置させ、抜け止めすれば完了

03

SPECIAL *THANKS*

長い歴史を持つ頼れるHonda正規店

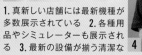

1. 真新しい店舗には最新機種が多数展示されている　2. 各種用品やシミュレーターも展示される　3. 最新の設備が揃う清潔なピットスペース　4. 作業を担当頂いた店長の伊島さんだ

取材にご協力いただいたのは、埼玉県羽生(はにゅう)市にあるHonda Dream羽生だ。前身となったショップの創業は昭和25年と長い歴史を持つ同店が今の形態となったのは2020年3月。豊富な経験と最新設備を併せ持ち多くのユーザーから頼られる存在だ。ツーリング等ユーザーが楽しめるイベントも開催する。

Honda Dream 羽生
埼玉県羽生市南7-18-5　Tel：048-561-0451
URL：https://www.dream-hanyu.jp/
営業時間：10：00〜18：00　定休日：月曜、第1・第3火曜

CT125 HUNTER CUB
CUSTOM SELECTI

CT125ハンターカブ　カスタムセレクション

スタンダード状態で優れたスタイルと性能を併せ持つハンターカブだが、それをより高め、パーソナライズするカスタムの人気も高い。ここではカスタムの参考になる、各メーカー製作の車両を紹介していきたい。コンセプトやパーツチョイスの違いで生まれる個性に注目だ。

写真=鶴身　健／柴田雅人／佐久間則夫／ダートフリーク
Photographed by Ken Tsurumi／Masato Shibata／Norio Sakuma／Dirtfreak

パワフルな心臓で
余裕ある旅をこなす

　カスタム製作コーナーでその製作過程を紹介しているのが、このスペシャルパーツ武川のデモ車両だ。同社の代名詞といえるエンジンチューニングパーツで大幅にパワーアップ。その性能をオイルクーラーとタコメーターでしっかり管理する。増大したパワーは旅に余裕を生み出してくれるもの。そこで各部にキャリアを追加、ロングツーリングに対応している。またリアサスペンションをショートタイプとし、扱いやすさにも磨きをかけている。各部のドレスアップも妥協なく行なわれており、まさにカスタムの良いお手本と言える。

1. 同社製ボアアップキットを使い181cc化されたエンジン。付属のハイカムとインジェクションコントローラー、FIコンと組み合わせた出力はダイナモ計測値でノーマルの8PS弱から12PS超と大幅アップ　2. クラシカルなスタイルがたまらないスクランブラーマフラー　3. 油温など多彩な情報が得られるタコメーターを追加　4. フロントキャリア、ヘッドライトガードでヘビィデューティ感を演出　5. 質感の高いアルミレバーは可倒式で転倒時の破損にも強い

スペシャルパーツ武川　http://www.takegawa.co.jp

6. ハンドルガードを取り付け、そこにクランプ式のスマホホルダーをマウント　7. 前後リムはEXCELリムを使ったワイドリムキットへ交換。タイヤはIRCのFB3、2.75サイズを装着する　8. 存在感を発揮するレッグバンパーは防風効果が高いシールドと専用のフォグランプをセット。左右バンパー間から見えるオイルクーラーにも注目　9. バンパーには同社製のドリンクホルダーをセット。手軽に水分補給ができる　10. アルミ削り出しのステップは、ワイドかつ多数の爪を備えグリップ性能に優れる。その奥に見えるサイドスタンドは同社製のアジャスタブルサイドスタンドで、ショートサスペンションで下がった車高でも安定した駐車ができる　11. タンデムを意識し、リアキャリアにピリオンシートをセット。工具無しで脱着できるおすすめアイテム。ライダー用シートと合わせ、クッション性が良く蒸れにも強いエアフローシートカバーを装着する　12. サイドバッグサポートに取り付けられたバッグは、ショルダーバッグとしても使える2WAYマルチバッグだ

全身にさりげなく
手を入れる

　こちらもカスタム製作コーナーにて、パーツの取付手順を解説したキタコのデモ車両。赤と黒のスタンダードカラーにマッチさせているため、一見カスタム度が低く見えるかもしれないが、よく見れば隅々まで手が入れられ、手腕の確かさが分かる。長年のノウハウが投入されたリアサスペンション、アイキャッチにもなるブレーキキャリパー、そしてオリジナルマフラーで走行性能をアップ。フロントやセンターのキャリアで積載性を上乗せしつつ、各所をセンス良くドレスアップ。参考箇所に溢れた一台と言えよう。

1. ジェネレーターカバーのキャップをデザイン性に優れた赤いオリジナル品とし豊かな表情を作り出す　2. プレートを複数重ねる個性的なデザインのクランクケースカバーリングが目を引くエンジン右サイド　3. 純正カバーを流用するため一見ノーマルに見えるマフラーは試作品のステンレススポーティーアップマフラー　4. フロントキャリアとLEDシャトルビームでフロントマスクを演出　5. アルミ削り出しのレバーとバーエンドでハンドル周りに高級感をプラス

キタコ　https://www.kitaco.co.jp

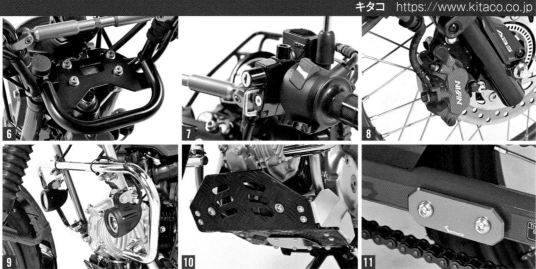

6. ハンドルクランプ部には各種アクセサリー取り付けを可能にするマルチバーパスバーをセット。ハンドルにはドレスアップとともにハンドル剛性を高め、よりダイレクトなハンドリングが得られるハンドルブレースを装着する　7. マスターシリンダー部にヘルメットホルダーを装着、スピーディにヘルメットを固定できる　8. 白いロゴと赤いボディがカスタム感をアピールしてくれる2ポッドブレーキキャリパー　9. 美しいメッキのブッシュガードとLEDシャトルビームを組み合わせ、ワイルドなシーンでもたくましく走れる性能とイメージを作り出す　10. タフなオフロードを走る車両に欠かせないアイテム、スキッドプレート。装着状態でオイル交換できる、気配り溢れた構造となっている　11. すっきり感の演出に効果があるタンデムステップの取り外し。しかしスイングアームの取り付けボルト穴の処理が懸案になる。そこでこのタンデムホールカバーが開発された。その効果はご覧の通り　12. 赤いスプリングと黒いボディが車体に映えるオリジナルリアショック

実用性向上が生む
強い個性が魅力

　流行りのソロキャンプの友として
も人気のハンターカブ。その用途
にピッタリと言える高い積載性を誇
る車両に仕上げられたキジマの車
両。完成度が高くスタンダード然と
した印象を受けるが、フロントウイン
カーが移設されテールランプもオ
リジナルに換装。クリアのハンドガー
ドでさり気なく手元をガードするな
ど、細部にまで手が入れられ、詳し
い人ほどレベルの高さに唸らされ
る。また安全対策として近年装着
例が増えているドライブレコーダー
を備えている点にも注目。さすが老
舗キジマが作った車両といえる。

1. 気分を盛り上げる熊の手をあしらったヘッド
サイドカバー（¥8,800）　2. ハンドル基部へ
バイク専用2カメラドライブレコーダー、1080J
（¥33,000）のモニターをマウント　3.USB
ポートキット（¥4,840）　4. ヘッドライトガード
（¥9,350）、フロントキャリア（¥11,550）、LED
フォグランプキット（¥33,000）でまとめたフ
ロントマスク。ウインカーリロケーションステー
（¥7,150）でウインカーを移設　5. クリアでスッ
キリイメージのハンドガード（¥6,270）

キジマ https://www.tk-kijima.co.jp

6. 存在感を発揮するエンジンガード（¥19,800）　**7.** カブ系では定番のセンターキャリア（¥11,550）を取り付け。シート下にあるヘルメットロック（¥3,960）も要チェック　**8.** 不整地での駐車も安心なサイドスタンドワイドプレート（¥8,800）　**9.** 容量約43LのJMS製一七式特殊荷箱（中）の特別仕様（¥30,800）をリアキャリアに取り付け　**10.** バッグサポート（¥8,250）に小さくても容量13Lを確保するタクティカルサイドバッグ（¥8,580）を装着。少々見えにくいが、バッグとボックスの間に位置する、オリジナルのエアクリーナータクトカバー（¥8,250）にも注目されたし　**11.** フロントチェーンガイド（¥9,350）とリアチェーンガイド（¥7,700）のコンビでチェーン周りに個性を生み出す　**12.** テールランプガード（¥10,120）に守られたスモークレンズを使ったLEDテールランプユニット（¥16,500）。その直下にはドラレコ用のカメラをセット。フラップはそれをアピールするオリジナルのドラレコRECフラップ（¥1,650）へと換装する

アルミの輝きが
人目を引きつける

　ミニバイクに適合する車体用ハイグレードカスタムパーツを多数開発することで知られるGクラフト。そのGクラフトの技術を投入して作られたのがこの車両だ。やはり目を引くのは同社カスタムパーツの顔の1つと言えるアルミスイングアーム。高い剛性による走行性能アップはもちろん、ハンターカブに合わせたデザインとされているのもポイント。前後ショックもYSSとのコラボで生まれたハイグレード品を投入し、走りのレベルをグッと引き上げている。その他の部品も独自性に溢れ、強い独自性を放っている。

1. アルミ削り出しのカムカバーとタペットカバーでソリッド感を増したシリンダーヘッド　2. アルミ削り出しのカバーをクラッチ部に装着。オイルフィラーキャップもアルミのオリジナル　3. フロントキャリア、ヘッドライトガード、フロントバンパー、フォグライトの追加でハードなオフローダーの雰囲気を作り出す　4. ブッシュから足を守るエンジンガード　5. 専用スプリングとPDバルブ装着でフロントフォークの性能を大幅向上。YSSとの共同開発品だ

Gクラフト　https://www.g-craft.com

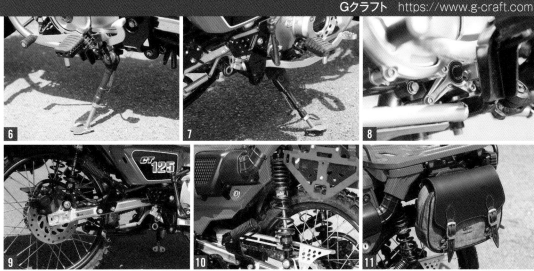

6. 接地面を拡大し不整地での駐車も安心なオリジナルサイドスタンド　7.CT110を彷彿とさせる右側サイドスタンド。専用のプレートをエンジン下部に取り付けることで装着する　8. シフトシャフト部にシフトガイドを装着。シャフトのしなりを軽減し、良好なシフトタッチを実現する地味ながら"効く"アイテム　9. 眩しく輝くアルミスイングアームは楕円パイプを使い、車体とのマッチングも充分。剛性アップはもちろん軽量化も実現している　10. リアショックもYSSとのコラボ品へとチェンジ。ダブルレートスプリングで初期は柔らかく奥で踏ん張る理想の特性を実現　11. リアキャリア左側面には専用マウント(10の写真でリアショックの右手に見えているもの。ただしこれは試作品で仕上げが異なる)でサドルバッグを取り付け。デグナーとのコラボで生まれた上質なレザー製バッグは4mm厚の革を使っており、使い込む程に風合いを楽しめる　12. 荷物の接触からテールランプを守るリアバンパー

本格オフの
香りを感じさせる

　ホンダで言えばアフリカツインのような大型アドベンチャーバイク用パーツで知られるツアラテック。そのツアラテックが最近力を入れているのがクロスカブであり、新たなユーザー層獲得に成功しているとのこと。そんなツアラテックジャパンの車両は、バイクの本分とも言える旅を快適にするパーツで固められており、その実用性の高さは折り紙付き。特に注目はトップケースで、使い方に合わせた様々なタイプが用意されている。その便利さは一度味わうと手放せないが、ルックス面での効果も見逃せない。

1. 金属製のメッシュのヘッドライトプロテクターは簡単に取り外し可能で洗車の際に便利　2. コンパクトながら光量充分のLEDフォグライトは夜道での強い味方　3. 手元をきっちりガードできるハンドプロテクターは限定のイエローをチョイス、見た目の大きなアクセントともなっている　4. ちょっとした物の収納と共に、体への風も低減できるインテグラルバッグをハンドルに装着　5. タイヤは前後ともよりオフロード性能が高いIRC製へとチェンジする

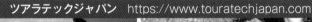

ツアラテックジャパン https://www.touratechjapan.com

6. ミラーは可倒式で転倒時の破損にも強いアドベンチャーフォールディングミラーへ換装 7. お尻の蒸れを低減し、夏場の強い日差しでもシートが熱くなりにくいクールカバーを取り付け 8. サイドスタンドへは接地面積を拡大するエクステンションを装着。残念ながら商品化の予定はないとのこと 9. ツールボックスはツアラテックオリジナル品へチェンジ。実用性アップはもちろん、存在感も抜群 10. リアキャリアには容量72Lのツアラテック ZEGA EVO トップケース XXL のシルバータイプをマウント。脱着もワンタッチでとても便利なアイテム 11. トップケースを装着するのに必要なトップケースブラケット（¥19,600）。ツアラテックジャパンのオリジナルアイテムでステンレス製。受注生産のスチール製パウダーブラック仕上げ（¥17,600）もラインナップする

モチーフは軍用車の
サバイバル
アドベンチャー仕様

　オフロードバイクパーツを数多く
リリースするダートフリークが作り
上げたこの車両は、タフで使い勝
手に優れた軍用車をモチーフに作
成。イメージピッタリのダークグレー
をメインカラーに設定し、ハンドガー
ド、アンダーガードといったタフな
オフロード走行に欠かせないアイ
テムを追加。ハードなイメージを高
めながら、リアキャリアには木製の
ボックスを追加したりロッドホルダー
を取り付けたりと、レジャー要素や
遊び心も付け加える。どうすればカ
スタムの完成度は上がるのか、そ
の答えを見た思いである。

1. 存在感満点のマフラーはDELTAバレル4-S。
多段膨張型エキパイで中〜高回転域で大幅にパ
ワーアップ 2. アルミフレームと樹脂製プロテク
ターを組み合わせたヘッドライトガード 3. モバ
イル用マウントバー一体のZETAアドベンチャー
ウィンドシールド 4. オフロードに適した形状
のZETA製ハンドルを装着 5. 高剛性アルミ合
金を使ったZETAアドベンチャーアーマーハン
ドガードとピボットブレーキレバーでまとめたグ
リップ周り

ダートフリーク https://www.dirtfreak.co.jp

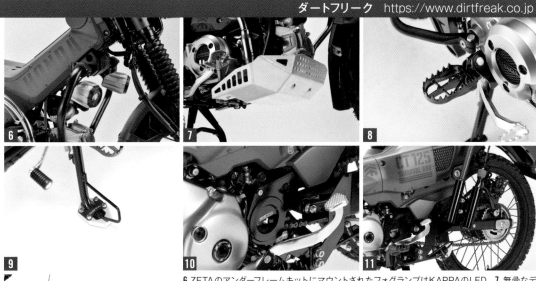

6.ZETAのアンダーフレームキットにマウントされたフォグランプはKAPPAのLED　7.無骨なデザインが堅牢さをアピールするZETAのアンダーガード　8.泥などが付着してもしっかり足元をグリップしてくれるワイドフットペグ　9.不整地においてスタンドがめり込んでしまうのを防ぐサイドスタンドエクステンダー　10.純正品に比べ強度が高くマディー走行時の泥噛みが低減される、アルミ合金製のドライブカバー　11.ハンターカブとの相性バッチリといえる渓流釣りに勧めたいロッドホルダーを車体後部に取り付け　12.リアキャリアには遊び心あふれる木製ボックスをセット。製品は木目仕上げだが、この車両では車体色に合わせたグレーに塗られている

ロングツーリングを
快適にこなすために

　デイトナが製作したこのカスタムハンターカブは、いかにも長距離ランを快適にこなせそう、という雰囲気に溢れている。大型スクリーンで疲労の原因となる走行風をガード。そのスクリーンの奥には旅の快適性アップに欠かせないアクセサリーを多数マウントできるバーをセット。リアにはデイトナ商品群の顔の1つ、GIVIのトップケースを装着するほか、便利なサドルバッグも装備する。タイヤはオフロード志向のIRC製GP22とすることで万能さとCT110イメージの獲得に成功。どこに行こうか想像が膨らむ。

1. 高い防風効果が期待できるウインドシールド RS。透明度の高さとスタイリッシュなデザインもポイント　2. ハンドルを横断する長さで複数のアクセサリー装着を楽にこなすマルチマウントバー　3. φ25.4mmという太いパイプで存在感を発揮するパイプエンジンガード

デイトナ https://www.daytona.co.jp

4. スピードメーター脇には VELONA タコメーターを取り付け。シンプルながら質の高いデザインで純正オプションのような自然な佇まいをみせる　5. リアキャリアに取り付けられたトップケースは、GIVI B42N ANTARTICA の42Kモデル　6.7. こちらは同じGIVIでも別シリーズ、TREKKER OUTBACKシリーズ、アルミトップケースを取り付けたもの。58Lの大容量でブラック仕上げの姿が車体に重厚感をプラスしてくれる　8. タイヤは前後とも純正よりオフロードに強いIRC のGP22へチェンジ。パターンが異なるだけで受ける印象はここまで変わってくる　9. トップケースにプラスしてバッグを、という時にお勧めなサドルバッグ。単に付けただけではリアタイヤへ干渉する恐れがあるので、サドルバックサポートを取り付けている　10. バッグサポートと共に付けられたバッグは、70年代デザインと使い勝手を追求した HenlyBegins サドルバッグ MIL DHS-13

OUTEX　http://outex.jp

ハードな走りに
対応させた一台

　レースでも数々の実績を残す高機能パーツの開発で知られるOUTEX。生み出した車両はポイントを押さえたカスタムがされ、実用すればその見定めの正確さと性能の高さに気付かされる。特に注目はタイヤのチューブレス化で、パンク修理を容易にしつつ走行性能も高まる。

1.マフラーはオリジナルのアップタイプ。仕様違いが複数用意される　2.ハンドルの振動を低減し疲労を減らす効果もあるレバーガード　3.剛性をアップしハンドリングと安定性向上に寄与するスポークブースターを取り付け　4.シャフトを軸に前後に回転し、高いコントロール性を生むF-ステップ　5.前後タイヤはオリジナルキットでチューブレス化。軽量化によりハンドリングが向上する

ウイルズウィン　https://wiruswin.com

自慢の吸排気で
オリジナルな姿を

　ミニバイクやスクーターを中心に、多彩なマフラーをリリースするウイルズウィンが作り上げたカスタムがこちら。マフラーは2つのエンドを持ち、バッフルの仕様でサウンドが変わるツインテールアップを装着。吸気もステンレス製とし、他にないオリジナリティを生み出している。

1.2.3種のサイレンサーから選べるツインテールアップマフラーの中でも、ブラックカーボン仕様をセレクト。2つのエンドはステンレス削り出し部材を用い作られる 3.4.リラックスした走りを生む、背もたれキット。背もたれは前後位置を変更することができる　5.内蔵されたパワーフィルターの設定を変えることで吸気量を変更できるエアクリーナーキットを装着

CT125 *HUNTER CUB*
CUSTOM MAKING

CT125ハンターカブ　カスタムメイキング

自らの手でいじるというのは、代表的なバイクの楽しみの1つ。特にカスタムパーツの取り付けは、完成後の変化もあり喜びが大きいが、やり方に戸惑うこともある。そこでこのコーナーでは、人気の高いカスタムパーツの取り付け手順を豊富な写真で分かりやすく解説していく。

写真=鶴身　健　Photographed by Ken Tsurumi
取材協力=スペシャルパーツ武川　http://www.takegawa.co.jp/　Tel.0721-25-1357
キタコ　https://www.kitaco.co.jp/　Tel.06-6783-5311

SP武川のアイテムでポテンシャルアップ！

ミニバイクチューニングパーツで知られるスペシャルパーツ武川。その部品で性能向上と利便性アップを目指す。

1.181cc化＋ハイカムでノーマル比4PS以上の性能向上を実現　2.ハイパワー化で増える熱を効率的に冷やすオイルクーラー　3.性能だけでなくスタイルにも優れるスクランブラーマフラー。ローダウンリアサスで足つき性も向上　4.転倒時の破損を軽減し防風効果により疲労も抑えられるレッグバンパー＆シールド　5.キャンプ等で荷物が多い時に便利で、ハードな雰囲気作りにも役立つフロントキャリア

　クラスを考えれば充分と言える性能を備えたハンターカブ。とはいえ、他により排気量の大きなモデルを持っている、または経験したライダーからすれば、もうちょっとパワーがほしいと思うことだろう。そんな時にチェックしたいのがスペシャルパーツ武川のパーツ群だ。ここではボアアップによりパワーを上げ、それに対応するクラッチ強化と冷却性能アップを実現するパーツと、スタイルと利便性を向上させる各種パーツを取り付ける工程を紹介していく。類似した部品の取り付け時にも参考になるので、ぜひじっくりとこの記事を参照してほしい。

装着アイテムリスト

- ●マフラー
- ●オイルクーラー
- ●ボアアップキット
- ●強化オイルポンプ
- ●タコメーター
- ●フロントキャリア
- ●センターキャリア
- ●レッグバンパー
- ●LEDフォグランプキット
- ●ハンドルガード
- ●サイドバッグサポート
- ●ローダウンリアショックアブソーバー

レッグバンパーとフォグランプの取り付け

レッグバンパーとフォグランプの取り付け手順を解説していこう。配線用に外装も外していく。

レッグバンパー&シールドキット
転倒時、ステップ等へのダメージを軽減するレッグバンパーと走行風を抑えられる布製シールドをあわせたキット　　　¥32,780

レッグバンパー&シールドキット装着車専用LEDフォグランプキット950
各種あるフォグランプキットの中でもレッグバンパー用のもの。1個のセットと今回取り付ける2個セットがある　　　¥15,180

アンダーガードから外していく。5mmのヘキサゴンレンチでボルト4本を抜き、取り外す **01**

続いて右サイドカバーを外していく。まず写真位置のプラスビスを外す。狭いので短いドライバーでないと作業は難しい **02**

次にこの位置にあるトリムクリップを外す。中心部をペンなどで押し、凹ませると抜くことができる **03**

サイドカバーは爪とグロメットで固定されている。外す際は下部を外側に引いてグロメットを抜き、次に後ろ側の爪を解除。それから上に持ち上げ上部の爪を外した後、各部への干渉を避けるため横に引いて外すという、意外に複雑な手順が必要だ **04**

センターカバーを外す。手順はベーシックメンテナンス(P.42)を参照してほしい **05**

5mmヘキサゴンレンチでボルト1本を抜き、トリムクリップ1つを外してから、左サイドカバーを外す **06**

純正ガードパイプ上部の固定部分にあるカバーを外していく。各写真の位置にトリムクリップが合わせて4つあるので外す

07

カバー前部に爪があるので、それを外しつつカバーを下に外す

08

フレーム中央を覆うメインパイプカバーを外していく。最初に写真のトリムクリップを外す

09

左側のカバーをとめているボルト3本を10mmレンチと5mmヘキサゴンレンチで外す

10

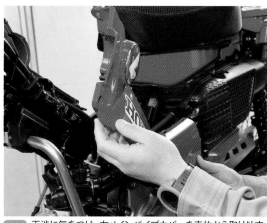

11 干渉に気をつけ、左メインパイプカバーを車体から取り外す

続いて右側。左側と固定方法が異なる。まずこの位置のボルトを10mmレンチで外す。左側用とボルトが違うので組み付け時は注意する

12

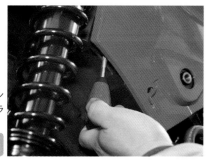

サスペンション近くにあるプラスビスを外す

13

前部や中央などに残るボルト4本を5mmヘキサゴンレンチで外す

14

15 外し忘れたボルトが無いか確認した後、干渉に注意しながらカバーを取り外す

ガードパイプ前側を外す。銀色のマウントの内側に固定ボルトがあるので10mmレンチで外す。狭いため使用できる工具はやや限られる

16

ガードパイプ後部はエンジン下のこの位置にマウントされているので、12mmレンチでボルト左右各1本を抜き取る

17

CHECK

バンパー取り付けは、前部の取り付けベースごと外すやり方もある。その際は写真の穴の中にあるボルト4本を外す

18 後部を下げ、ステップ等と干渉しないようにしつつ、横に引いてガードパイプを取り外す

19 純正パイプが挿さっていたところに、レッグバンパーを差し込む

後ろ側も純正と同じマウント位置に配置したら、純正のボルトを使い仮留めする **20**

前側のマウントも純正ボルトを使い固定する。後ろ側はすでに付けてあるので、しっかりと本締めする **21**

マウント部にカバーを取り付け、トリムクリップを差し込み固定する **22**

アンダーガードを仮留めし、後ろのマウントボルトを2.7Nmのトルクで本締め。その後、アンダーガードの固定ボルトも本締めする **23**

レッグバンパーにはボルト穴がある。購入したキットや他パーツとの組み合わせによって、処理が異なる **24**

バンパー単体で使用する場合は、ワッシャとカラーをボルト留めする。使用工具は5mmヘキサゴンでトルクは15Nm **25**

装着完了後の姿。何も取り付けないとサビの原因にもなるので、つけ忘れないようにしよう **26**

シールドを取り付ける場合、カラー装着前に、マジックテープを使いバンパーに取り付ける。シールド中央にある穴をバンパーのボルト穴に合わせること **27**

28 シールドを取り付けたら、前述した24～25の手順でカラーを取り付ける

29 フォグランプキットを取り付ける。フォグランプの配線にギボシを取り付ける。赤、黒線ともにオスのギボシを付ける

付属のアース線にも端子を取り付ける。これには電工ペンチを使い、丸端子をしっかり取り付けておく **30**

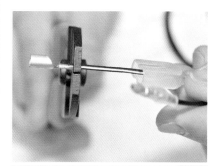

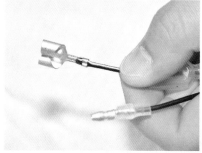

付属のスイッチの配線も端子を付ける。白黒線にはメスのダブル端子を、黒線にはシングルのオス端子を取り付ける **31**

フォグランプの取付金具。長いものと短いものが付属するが、写真の長い方を使用する

32

先端部が上を向くように、取り付ける。ボルト、金具、ワッシャの順でセットしバンバーに取り付ける。金具が動く程度の仮留めとしておく

33

シールドにあるもう1つの穴にフォグランプの配線を通し、取付金具にランプ本体を4mmヘキサゴンレンチでランプが軽く力を入れれば動く程度に仮留めしておく

34

35 シールドを通した配線は、フレームに沿わせつつヘッドライト側に通す。ハンドルを左右に切り問題ないか確認しておく

10mmレンチを使い、サイドリフレクター取付部にアース線を共締めする。これは左右ともに行なう

36

ハンドル操作時に干渉せず、メインパイプカバー脱着に支障がない所にスイッチを貼り付ける

37

電源を取り出すためヘッドライトケースを開けていく。ケース下部にあるプラスビス2本を外す

38

ビスを外したら
レンズ部分を手
前に引いて分離
する **39**

ケースの中にあ
る黒いカプラー
を分割し、キット
に付属するハー
ネスを割り込ま
せる **40**

37で付けたス
イッチの黒線を
付属ハーネスの
メス端子に接続
する **41**

フォグランプの
黒線をアース線
に接続する **42**

スイッチの黒白
線にあるダブル
のメス端子に、
左右のフォグラ
ンプの赤線を接
続する **43**

以上でフォグラ
ンプが作動する
ようになったの
で、実際に点灯
させ光軸を調
整したら、一度
ランプを外し取
付金具を本締
めし（15Nm）、
改めてランプを
取り付け光軸
をチェック後、
8Nmで本締め
する。あとは外
装部品を元に戻
せば完成だ **44**

マフラーの取り付け

**性能はもちろん、スタイルの面でもハンターカブ
にぴったりなマフラーを取り付けていく。**

スクランブラーマフラー
CL72イメージで作られたスタイリッシュなマフラー。高い排気効率
でパワーアップも実現。安心の政府認証品だ　　　　¥49,500

純正マフラーを外していく。最初にアンダーガードを取り外し、前部、フランジ部のナットを12mmレンチで外す

01

右サイドのサイドカバーを外したら、車体中央、サイレンサーの下にあるマウントボルトを12mmレンチで外す

02

サイレンサーの上側にあるマウント（リアサス上部と同位置）のナットを12mmレンチで外す

03

04 前側をシリンダーヘッドから抜いてから、横方向に引いて後ろ上のマウントを抜き取り、マフラーを車体から分離する

付けるサイレンサーの根元に、内外両面に耐熱ガスケット剤を塗った付属ガスケットを差し込む。ガスケットが完全に隠れるまで差し込むこと

05

純正サイレンサーから流用する部品を取り外す。後ろ上下のマウントに使われている金属製のカラーとゴムのグロメットを抜き取る

06

取り付けるサイレンサーに先程取り外したグロメットとカラーを移植する。カラーはツバがある方を外側に向ける

07

エキゾーストパイプにあるマウントにも、純正サイレンサーから外したグロメットとカラーを取り付ける

 08

古いものを外してから、シリンダーヘッドに新品のマフラーガスケットを取り付ける

 09

10 各部にぶつからないよう注意しつつエキゾーストパイプを車体にセットし、フランジ部分と後ろマウント部分を仮留めする

11 接続部に付属のバンドを付け、サイレンサーをエキパイに差し込みつつ車体にセット。サス部分をナットで仮留めする

各部に無理がないことを確認したら、フランジ（16Nm）、エキゾーストパイプ（27Nm）、サイレンサー（27Nm）を本締めする

12

サイレンサーのバンドを12Nmのトルクで本締めする

13

ヒートガードを取り付けていく。固定にはビスを使い、ビス、ガスケット、ガード、ガスケットの順にセットしておく

14

エキゾーストパイプにヒートガード、2点を取り付ける。2つとも同じものなので前後を気にする必要はない **15**

脱落することがないよう、しっかりビスを締めておく。指定トルクは9Nmだ **16**

サイレンサー用のヒートガードは取付部にグロメットとカラーをセットしておく **17**

4点をビスで固定し、同じく9Nmのトルクでしっかり締める。右サイドカバーを取り付ければマフラー取り付けは完了だ **18**

ボアアップキットの取り付け

**効果の高いチューニングといえばボアアップだ。
公道使用時は必ず車両の登録変更をすること。**

Sステージαボアアップキット181cc
N-20デコンプカムシャフト、セッティング用Fiコンが付属したパワフルなキット。ダイナモ計測で約12.2PSを実現　　　　¥90,200

前の項目を参考にマフラー、センターパイプカバーを外し、写真の位置にあるO_2センサーのカプラーを分割する **01**

プラグキャップを抜き、16mmレンチでスパークプラグを外す **02**

インレットパイプ
につながる負圧
のホースを抜い
たら、上写真位
置にあるボルト
を8mmレンチ
で抜き、黒いカ
バーを外す

03

スロットルボディ
とコネクティン
グチューブを留
めているバンド
をプラスドライ
バーで緩める

04

コネクティング
チューブ を ス
ロットルボディか
ら抜き取る

05

メインスイッチ
がOFFであるこ
とを確認し、ス
ロットルボディ
左側にあるカプ
ラーを抜き取る

06

同じく、その下
にある大きいカ
プラーも抜いて
おく

07

今度はスロット
ルボディ右側に
ある、インジェ
クター用のカプ
ラーも抜く

08

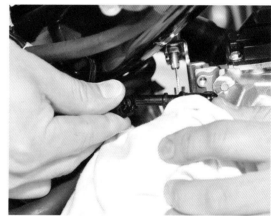

09 スロットルボディにつながる燃料ホースを外す。ガソリンが出
てくるので、下にウエスなどを敷いておく

CHECK

燃料ホースのカプラーは、白い部分の後部にある爪を前
に押しつつ、白い部分全体を下に押すとロックが外れる

ボルト2本を10mmレンチで緩めて外し、スロットルボディごとインレットパイプを外し、その下にあるインシュレーターを取り除く。フレームにウエスを置き、スロットルボディをそこに移動する

10

ここからエンジン本体を分解していく。まずタペットカバーを外すため固定ボルト2本を8mmレンチで外す

11

ボルトを外したらカバーを外す。固着している場合は、軽くプラスチックハンマーで叩くと良い

12

もう1つ、エキゾースト側のタペットカバーも同様にして外しておく

13

あらかじめ専用工具を使いタペットアジャスターを緩める

14

ヘッドの右サイドカバーを固定するボルト2本を8mmレンチで抜き取る

15

右サイドカバーを横に引き抜くようにして取り外す

16

左クランクケースにあるクランクサイドホール（大）とタイミングホール（小）の2つのプラグを外す

17

タイミングホール縁にある印と、その奥にあるフライホイール上にあるTマークが一致する=上死点となるよう、クランクサイドホール奥にあるクランクシャフトを17mmレンチで回す

18

シリンダーにある、油温センサーのガードを8mmレンチで外す

19

カプラーを外したら17mmレンチを使い油温センサーを緩めて外す。少量だがオイルが出るので注意したい

20

シリンダー側面にあるガイドローラー固定ボルトを10mmレンチで緩める

21

10mmレンチで写真位置のオイルフィラーボルトを緩め、カムチェーンのテンションを緩める。少量オイルが出る部分だ

22

設けられた穴にユニバーサルホルダーを入れて固定しつつ、中心のボルトを12mmレンチで緩め、カムスプロケットを外す

23

24 カムシャフト等を固定しているストッパープレートを留めているボルトを10mmレンチを使い緩める

79

シリンダーヘッド左側にあるサイドボルトを8mmレンチで緩めて外す

25

シリンダーヘッド最上部にある固定ナット4つを少しずつ均等に緩めて外す

26

CHECK

固定ナット下にはワッシャがあるが、向かって左下のみ銅ワッシャが使われるので組立時には注意する

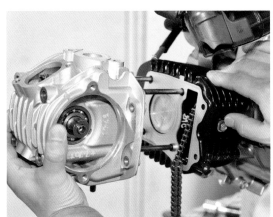

27 カムチェーンの引っ掛かりに注意しながらシリンダーヘッドを抜き取る

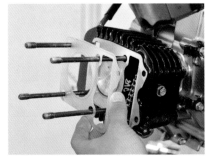

ヘッドガスケットを取り外し、シリンダーに残ったノックピンは回収しておく

28

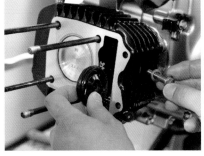

先に緩めておいたボルトを抜き取り、ガイドローラーをシリンダーから外す

29

シリンダーを抜き取る。抜けづらい場合、丈夫そうなところをプラスチックハンマーで軽く下から上に叩いてやる

30

POINT

31 クランクケース内に部品を落とさないよう、開口部にウエスをつめてふさいでおく

ラジオペンチ等で一方のピストンピンクリップを外し、その逆側からペンなどでピンを押し、コンロッドから分離。ピストンを取り外す

32

CHECK

右が純正、左が取り付けるピストン。直径で10.6mm大きくなるため、この通りボリュームはかなり異なる

スクレーパー等を使い、ガスケットをきれいに取り除く。クランクケース内部にゴミが落ちないよう、注意したい

33

POINT

34 分解作業でスタッドボルトが緩むことがあるので、ダブルナット等を用い、増し締めしておくと安心だ

キットのピストンにリングを付けていく。リングは3種類あり、上から1番目と2番目は似ている。1番目のトップリングは茶色なので要確認

35

CHECK

トップリングと2番目のセカンドリングは上下がある。合い口に刻印がある方が上になるので注意すること

ピストンの一方にピストンピンクリップを取り付ける

36

リングを取り付けるピストンの溝にエンジンオイルを塗布しておく

37

一番下の溝に3ピース構造のオイルリングを付ける。エキスパンダー（ギザギザ形状）を取り付けてから、サイドレールを上下にセットする

38

もう1つのサイドレールでスペーサーをサンドイッチする。そして、その上の溝にはそれぞれトップリング、セカンドリングを取り付ける

39

ベースガスケットを付ける。カムチェーン側のスタッドボルト根元にノックピンが入るが、外したシリンダーに残る場合があるので注意

40

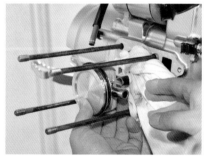

クランクケース開口部をふさぎつつ、ピストンをコンロッドにセットする。ピストン上部にはINの印があるので、それを上に向けること

41

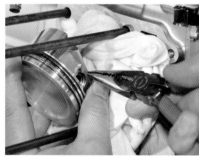

オイルを塗ったピストンピンを押し込み、コンロッドに固定したら、ピストンピンクリップを取り付ける

42

クリップはピン穴の溝にぴったりハマり、合い口がピン穴の切り欠きと逆を向くようにする

43

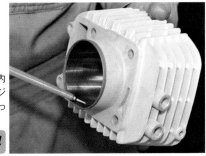

シリンダーの内壁に薄くエンジンオイルを塗っておく **44**

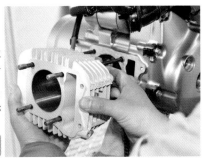

シリンダーを取り付ける。ピストンを通す時は、指でピストンリングを縮めながら作業する **45**

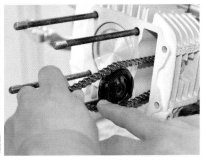

カムチェーンをシリンダーに通す。チェーンの間にガイドローラーを入れシーリングワッシャを通した純正ボルトでシリンダーに仮留め **46**

向かって左上と右下のスタッドボルト根元にノックピンを差し、キット付属のガスケットをセットする **47**

カムシャフトを交換する。まず固定ボルトを抜きストッパープレートを外す **48**

POINT

49 ロッカーアームシャフトを抜いて、ロッカーアームを外す。組み付け時、IN側とEX側を入れ違えないようにする

カムシャフトにある溝をインテーク側に向けてから、カムシャフトを引き抜く **50**

デコンプパーツを移植する(一般ユーザーでは難しい作業でSP武川に依頼可能だ)。まずベアリングを抜き取る **51**

ベアリングの下にあるデコンプを抜き取る **52**

デコンプは二分割構造となっているので、小さなピンも抜き取り、キットのカムシャフトに移植する **53**

プレス機等を使い、外したワッシャとベアリングをキットのカムシャフトに取り付ける **54**

切り欠きをインテーク側に向けつつ、オイルを塗布したカムシャフトをヘッドに差し込む。向きを間違えると干渉して奥まで入らないはずだ **55**

オイルを塗布したロッカーアームをセットしたら、シャフトを差し込んで固定する。シャフトは切り欠きがある方が手前になるので気を付けよう **56**

57 写真を参考にシャフトの切り欠きの向きを調整し、ストッパープレートを取り付ける。カムも切り欠きを上に向けておく

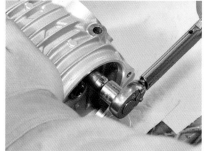

ストッパープレートの固定ボルトを12Nmのトルクでしっかりと締めておく **58**

シリンダーヘッドをセット。カムチェーンを引き出し、ひとまずカムシャフトに引っ掛けておく **59**

銅ワッシャの位置（向かって左下）に気を付け、ナットでヘッドを固定する。対角の順で少しずつ締め、最終的に24Nmのトルクで締める

60

サイドの固定ボルトを差し、10Nmのトルクで締める。ガイドローラー固定ボルトも10Nmで本締めする

61

外しておいた油温センサーを取り付ける（間にワッシャを挟む）。締め付けトルクは15Nm

62

クランクシャフトが上死点位置であるのを確認したら、チェーンを掛けつつカムスプロケットを、突起と切り欠きを合わせてカムにセットする

63

POINT

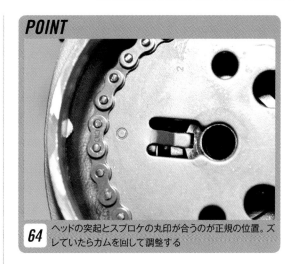

64 ヘッドの突起とスプロケの丸印が合うのが正規の位置。ズレていたらカムを回して調整する

ユニバーサルホルダーで固定した状態でボルトを27Nmのトルクで締め、カムスプロケットを固定する

65

フィラーボルトを外した穴にオイルを補充したら、ボルトを取り付ける

66

POINT

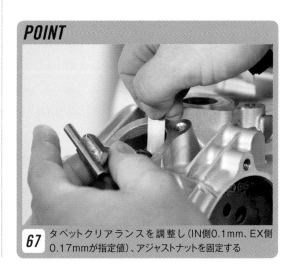

67 タペットクリアランスを調整し（IN側0.1mm、EX側0.17mmが指定値）、アジャストナットを固定する

シリンダーヘッドのカバーを取り付け、ボルトで留める。締め付けトルクは12Nm

68

クランクケースにある2つの穴にキャップを取り付ける。トルクはタイミングホール側が6Nm、クランクシャフトホール側が8Nm

69

油温センサーにカプラーを差し込み、ガードを取り付ける。トルクは12Nm

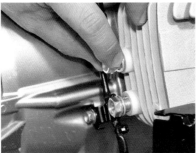

70

シリンダーの穴は、オイルクーラーを取り付けない場合、付属のボルトを、シールワッシャを併用して付け、12Nmのトルクで締める

71

キットに付属しているスパークプラグを16Nmの締め付けトルクで取り付ける

72

吸気系などの補機類を取り付けていく

73

POINT

74　キット装着によりセッティングが変わるのでFIコンを装着する。誌面の都合上、取り付け手順は割愛させていただく

取り外し時と逆の手順で外装パーツ等を取り付ければ完成だ

75

登場したばかりの削り出しエンジンカバーを使えば注目度をさらに高めることが可能だ

L.シリンダーヘッドサイドカバー
アルミ削り出しで作られたドレスアップパーツ。シルバーの他、ブラックタイプもあり　　　　　　　　　　　　¥8,580

カバーの取り付けは簡単。まずノーマルのカバーを8mmレンチを使い取り外す

01

Oリングをセットし、武川製のカバーをシリンダーヘッドにセットする（写真のカバーは試作品で、市販品と表面仕上げが異なる）

02

付属のボルトを使い、シリンダーヘッドに固定する。5mmヘキサゴンレンチを用い12Nmのトルクで締めれば完成

03

オイルクーラー本体は、上（IN）側のタペットカバー部分を使ってマウントする。そこでまずカバー取り付けボルトを外す

01

キット付属のステーを、同じく付属のボルトを使い固定する。4mmヘキサゴンレンチを使い12Nmのトルクで締め付ける

02

出荷状態では使用しないので、オイルクーラー本体の部品を組み替える。5mmヘキサゴンレンチでサイドのボルト4本を外す

03

ボルトを外したら、前面のガードと上下のプレートを本体から外す

04

オイルクーラーの取り付け

181ccボアアップキットと合わせて使いたい、オイルクーラーキットを取り付けていく。

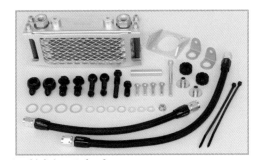

コンパクトクールキット
181ccボアアップシリンダーと併用するオイルクーラー。各種あるが4フィン5オイルラインブレードホース仕様を取り付ける　¥46,200

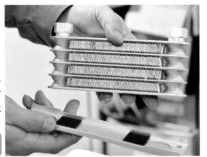

上下のプレートを入れ替えてクーラー本体にセットする **05**

ガードもセットし、上下プレートの間に青いカラーを挟みつつ、ワッシャを差したボルトとフランジナットで固定する **06**

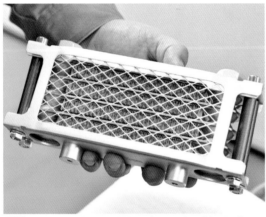

07 組み換えが完了した状態。固定用のボスが付いたプレートが、オイル取り出し口とは逆に付いている

マウントとオイルクーラーの間に用いるステーに、グロメットを取り付ける **08**

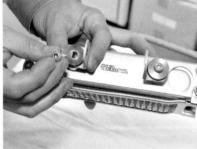

グロメットにツバ付きのカラーをセットしたら、ステーをオイルクーラーにボルト留めする **09**

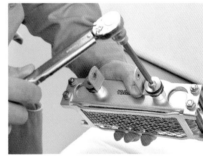

取り付けボルトを10Nmのトルクで本締めする。本締めしてもカラーの向きは調整可能 **10**

POINT

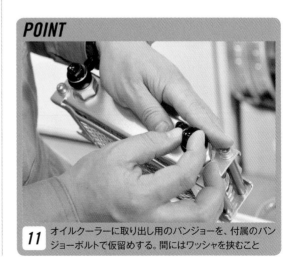

11 オイルクーラーに取り出し用のバンジョーを、付属のバンジョーボルトで仮留めする。間にはワッシャを挟むこと

マウントにオイルクーラーを取り付ける。マウントの中間部にカラーを用いつつ、ボルトで接続する **12**

POINT

13 ボルトの先にナットを付け、クーラーの角度が変えられる程度に締め付けておく

シリンダーにバンジョーを取り付ける。こちらはホース接続部が斜めになるタイプで、バンジョーボルト（短い方が上）で仮留めする **14**

オイルクーラーとシリンダーのバンジョーをホースで接続する。短いホースはクーラー手前とシリンダー上、長い方は残りと接続する **15**

オイルクーラーを各部に干渉しない角度にしたら、ホースに負荷がかからないよう双方のバンジョーの位置を調整する **16**

位置が調整できたら、シリンダー側のバンジョーボルトを、15Nmのトルクで締め込む **17**

バンジョーの角度が変わらないよう注意しながらホースを外し、クーラー本体もマウントから取り外す **18**

クーラーのサイドボルトとガードも外し、取り出し部をレンチで固定しながら、バンジョーボルトを22.5Nmのトルクで本締めする **19**

オイルクーラーを元の状態に戻したら、再度マウントにセットし、ホースを接続する **20**

レンチを使い、ホースをバンジョーにしっかり取り付ける **21**

ブレーキホースがオイルクーラーに干渉する場合、写真のようにタイラップで動きを規制してやるとよい **22**

ホースのシリンダー側も、バンジョーボルトにしっかり固定しておく **23**

バンパー等に干渉しないか確認し、オイルクーラー固定ボルトを12Nmのトルクで本締め。60cc程度オイルを追加しオイルチェックをする **24**

オイルポンプ・クラッチスプリングの交換

チューニングエンジンと合わせて使いたい、強化オイルポンプとクラッチスプリングを取り付ける。

スーパーオイルポンプキット
エンジン各部へ送られるオイル量、油圧、オイルレベルを適正化するため約35%能力を増加させたオイルポンプ　　　¥6,930

クラッチスプリング20kキット
ハイパワーエンジンに合わせ、純正比30%強化しクラッチの滑りを解消するクラッチスプリング　　　¥3,630

センタースタンドをかけ12mmレンチでボルトを抜き、キックアームを外す。ノーマルマフラーの場合、ヒートガードを外す **01**

ドレンボルトを抜き、エンジンオイルを排出しておく **02**

ノーマルのガードパイプを外し、サイドスタンド根元にあるセンサーの固定ボルトを8mmレンチを使い外す

03

ボルトを抜くとセンサーは外れるので、邪魔にならない位置に避けておく

04

12mmレンチを使い、固定ボルト4本を抜いてステップを取り外す

05

エンジン後方にある黒いプレートを外す。スイングアームと共締めになっている上のナットを19mmレンチで外す

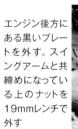

06

下のボルトを12mmレンチで外す

07

真横に引くと、ブレーキペダルごとプレートを外せる

08

POINT

09 傷を付けず、またブレーキホースに負荷をかけないよう、布等にくるんだ上で台の上にプレートを保管する

10 右クランクケースカバーを外すため、丸印のボルトを8mmレンチで取り外す

抜いているとはいえ、残りが漏れるので下にオイル受けを用意しながらボルトを緩めていく

11

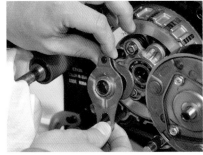

アームと接続されていたこのプレートを外す

16

ボルトをすべて抜いたら、横に引きながらカバーを外す

12

クラッチ中央、リフタープレートにあるベアリングを引き抜く

17

クラッチ周りの部品を外していく。まずこのボールリテーナーを外す

13

リテーナーの下にバネがあるのでこれも外す。カバー取り外し時に、リテーナーと共に脱落する場合も多い

14

18 ユニバーサルホルダーでクラッチ前側にあるローターを固定しつつ、プレートの固定ボルト3本を8mmレンチで抜き取る

プレートを取り外す。ガスケットが併用されているのでそれも外しておく

19

シフト操作時にクラッチを切るアームを手前に引いて取り外す

15

CHECK

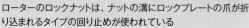

ローターのロックナットは、ナットの溝にロックプレートの爪が折り込まれるタイプの回り止めが使われている

マイナスドライバー等で折り込まれた爪を起こし溝から出しておく

20

ユニバーサルホルダーとロックナットレンチを使いロックナットを緩める

21

22 爪タイプのホルダーでクラッチ本体を固定し、クラッチのロックナットを緩める

23

クラッチ本体をホルダーで固定しながら、リフタープレートを留めているボルト、合わせて3本を10mmレンチで軽く緩める

24

ローターから遠心クラッチのユニットを抜く

25

続いてローターとクラッチ本体をまとめて引き抜く

26

クラッチが付いていたメインシャフトには、2種類のカラーがある。クラッチ側に張り付いている場合もあるので、存在を確認しておく

27

緩めておいたボルトを均等に緩めて抜き、リフタープレートを外す

CHECK

左がノーマルで、右が今回取り付けるクラッチスプリング。太い線径が使われているのが分かる

ノーマルのスプリングと入れ替える。入れ替える数を変えることで、強化率を変えることもできる **28**

POINT

29 リフタープレート仮付け後、一度メインシャフトに差し、センターを出した状態でボルトを均等に締める

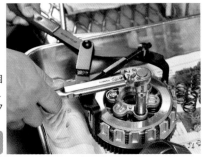

ホルダーで固定しながら、12Nmのトルクで本締めする **30**

10mmレンチで固定ボルト3本を抜き、横に引くようにしてオイルポンプを取り外す **31**

オイルポンプとクランクケースの間にあるノックピンは、使用しないので抜き取っておく **32**

クランクケースから古いガスケットを外す。また合わせ面にあるノックピン2つとオリフィス1つも外しておく **33**

CHECK

右が取り付けるオイルポンプ。吐出量が増えているため、ノーマルに比べ厚みが増しているのが分かるだろう

CHECK

スクレーパーを
使い、残ったガ
スケットをすべ
て取り除く

34

オイルポンプを
取り付ける。キッ
ト付属の長い
ノックピンを写
真位置に差す

35

上の写真の位
置にオイルを入
れ、ギアを回し
てポンプ内部に
オイルを行き渡
らせる

36

クランクのギア
に噛み合わせな
がらオイルポン
プを取り付け、
ボルトで固定す
る。締め付けト
ルクは12Nm

37

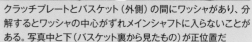

クラッチプレートとバスケット（外側）の間にワッシャがあり、分
解するとワッシャの中心がずれメインシャフトに入らないことが
ある。写真中と下（バスケット裏から見たもの）が正位置だ

38 クラッチとローターのギアを噛み合せつつ、両者を回転させ
ながら、メインシャフト/クランクシャフトへ奥まで差し込む。
この時、サブギアの切り欠きとプライマリドライブギアの切り
欠きを合わせる

95

CHECK

クラッチが入らない場合、前ページのワッシャ位置やスプリング
組み付け時にセンターがズレている可能性があるので確認する

ユニバーサル
ホルダーやコン
ロッドストッパー
（写真は参考）
で固定しながら
64Nmのトルク
で締める

42

ホルダーでク
ラッチを固定し
て、64Nmの
トルクでロック
ナットを締める

39

ローターに新し
いロックプレー
トを取り付け
る。プレートには
ローター側に向
いた爪があるの
で、それをロー
ターの穴に合わ
せる

40

ロックプレート
の上にワッシャ
をセットする。文
字がある方が表
（外側）になる

41

POINT

43 ロックナットは、最終的に溝とロックプレートの爪の位置が
合う場所まで締め、爪を折り溝に入れる

ローターの プ
レート固定ボル
トのネジ山に低
強度のネジロッ
ク剤を薄く塗る

44

間にガスケット
を挟みロック
プレートをロー
ターへ付ける

45

均等にボルトを
締めていき、最
終的に5Nmの
トルクとなるま
で締める

46

クランクケース
とカバーの合わ
せ面にノックピ
ンとオリフィス
を取り付ける。
写真のオリフィ
スは重要なので
絶対忘れないよ
うに

47

新しいガスケッ
トをセット。リフ
タープレートに
ベアリングを取
り付け、クラッ
チ操作用のプ
レートとアーム
を取り付ける。
アームと取り付
けシャフトには
位置決め用の印
があるので、必
ず合わせること

48

2cmほどの"ゲ
タ"をセンタース
タンドのクラッ
チ側に入れ少
し傾けつつ、糊
代わりのグリス
を付けてリテー
ナープレート等
をセットする

49

リテーナー等
が落ちないよう
カバーを付け、
固定ボルトを仮
留めしゲタを外
す。シフトペダ
ルを操作し問題
なければボルト
を本締めする

50

スイングアーム
ピボット部のプ
レートを戻し、
上のナットを
54Nm、下のボ
ルトを27Nmの
トルクで締める

51

ステップを取り
付ける。固定ボ
ルトは27Nmで
締める

52

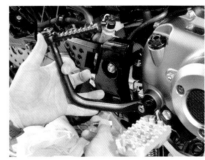

キックアームを
取り付ける

53

サイドスタンド
のスイッチやそ
の他外したパー
ツを取り付け、規
定量のオイルを
入れる。クラッ
チの切れ具合を
確認すること

54

タコメーターの取り付け

エンジンの状態を把握できるほか、様々な機能が得られるタコメーターキットを取り付けていこう。

φ48スモールDNタコメーターキット
ボルトオン装着ができるタコメーターキット。このホワイトLED仕様は回転数の他、温度計、時計等の機能も備えている　¥23,980

バッテリーの端子を外し、メインパイプカバーを取り外す。イグニッションコイル（SP武川製）の指差しているピンク/青の線を外す

01

キット付属のハーネスを、先程外した配線とコイルの間に割り込ませる

02

ヘッドライトからレンズを外し、固定ボルトを5mmヘキサゴンレンチで緩めて抜き、ヘッドライトケースをフリーにする

03

02で取り付けた付属ハーネスを裏側の穴からヘッドライトケースの中に引き入れる

04

タコメーターのステーを取り付けるため、ノーマルメーター裏側、写真の位置にあるステー固定ボルト2本を5mmヘキサゴンレンチで外す

05

付属のメーターステーをセットし、付属のボルトで純正メーターステーと共締めする。使用レンチは10mmでトルクは10Nm

06

取り付けたメーターステーの先端の穴にグロメットを付け、そこにカラーを差し込む

07

ステーにタコメーターを差し込み、ワッシャとナットを使って固定し配線をライトケース内に入れる **08**

ライトケースを固定しフォグランプでも使用したハーネスを同様の手順で取り付ける。タコメーターの場合、ウインカー用のオレンジカプラーに付属ハーネスの同色カプラーを割り込ませる作業も必要だ **09**

タコメーターの配線にあるカプラーを、先ほど取り付けたハーネスのカプラーに接続する **10**

油温計を作動させる場合、オイルドレンボルトを武川製と交換してから、付属の温度センサーをドレンボルトに接続する **11**

センサーに連結コードを接続、ケース内に入れたら、そのカプラーをメーター配線のカプラーに接続する **12**

イグニッションコイルに接続した線にパルスサブハーネスを接続し（故障するので必ず使用する）、それをタコメーターの茶色線に接続する。キットに付属していないモデルもあるので、キットのマニュアルにしたがって接続すること **13**

リアサス・サイドバッグサポートの取り付け

足つき性が良くなるローダウンサスと、作業が類似するサイドバッグサポートの取り付けを解説する。

ローダウンリアショックアブソーバー
25mmダウンと40mmダウンの2ラインナップがあるショートタイプ。減衰力とバネレートの見直しで走行性能もアップ　¥13,750

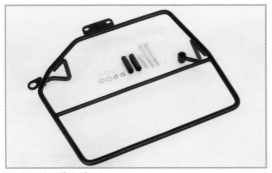

サイドバッグサポート

サイドバッグ装着時にリアホイールへの巻き込みを防止するアイテム。純正工具箱との同時装着が可能　　　　　　　　　　　¥9,350

エアクリーナーの吸気口を外す。まず5mmヘキサゴンレンチで前後にある固定ボルト計2本を抜き取る **01**

ボルトを抜いたら吸気口の手前側を下にずらし、キャリアにあるボルトの受けを露出させる **02**

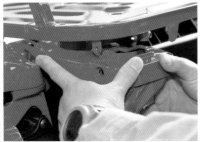

それから全体を手前に引いてキャリアから分離する **03**

吸気口から伸びるチューブをエアクリーナボックスから外す。チューブの中心部をつまんで凹ませた状態で引くと外しやすい **04**

左リアサス上部へアクセスしやすくなったので、17mmレンチで固定ナットを外す（作業前にセンタースタンドをかける） **05**

右リアサスの上部マウントのナット（マフラーピボット）も外す。こちらの使用レンチは19mmだ **06**

下の固定ナットを14mmレンチで外し、リアサスを抜き取る **07**

CHECK

吸気口には奥側にこのような爪がある。02、03の順で作業しないと外れないばかりか爪を破損する可能性がある

POINT

ショートタイプのサスを取り付けるので、エンジン下部でジャッキアップし、上下サスマウントの間隔を縮める **08**

CHECK

取り付けるサスの上部マウントはオフセットしている。中心から外側にオフセットした側を車体に向けて取り付ける

サスペンションを付けられる間隔になるまで、少しずつジャッキを上げる。片側が付いたらすぐジャッキを外し、もう一方を付ける

09

それぞれ固定ナットを付けたら（下側はナット-ワッシャ-サスの順）、上は44Nm、下は29Nmのトルクで締める（サイドバックサポートを付ける場合、左サスの上側のナットは付けない）

10

続いてサポートを取り付ける。まず5mmヘキサゴンレンチでツールボックスを外す

11

5mmのヘキサゴンレンチで写真位置にあるボルトを外す

12

左リアサス上側のマウントにサポートを取り付け、ナットで仮留めしておく

13

ツールボックスにカラーをセットする。カラーはボックスの裏側から、先の細い方を合わせる

14

付属のボルトとワッシャを使い、ツールボックスをサポートに取り付ける

15

サポート後部をテールランプ部に合わせ、付属のボルトで固定する **16**

各部の固定ボルトを本締めしたら、外した時と逆の手順で吸気口を戻す **17**

ハンドルが動かないよう気をつけながら、手前側2本のボルトを6mmのヘキサゴンレンチで緩めて外す **02**

クランプのボルト穴にキット付属のカラーを差し込む **03**

ハンドルガードの取り付け

多彩にあるハンドルクランプタイプのアクセサリー装着に便利なハンドルガードを取り付ける。

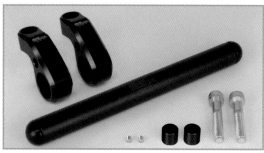

ハンドルガード
直径22.2mmのパイプを使用しているため、スマホホルダー等ハンドルクランプタイプの各種アクセサリーが装着できる ¥8,250

キットのブラケットとパイプを写真のように組み合わせる **04**

パイプに対しブラケットを垂直に保ちつつ、付属のボルトでハンドルクランプに取り付ける。締め付けトルクは27Nm **05**

ハンドルクランプの固定ボルトに取り付けられているキャップを外す **01**

ブラケットからのパイプの突き出し量を左右で揃える **06**

ブラケット裏側の穴に低強度のネジロック剤を塗ったイモネジを2mmヘキサゴンレンチで取り付け（トルクは1Nm）、パイプを固定する **07**

右側はブレーキマスターシリンダーが邪魔になるので、クランプ固定ボルトを8mmレンチで下、上の順に緩める **02**

ブラケットを取り付けたボルトに、最初に取り外したキャップをはめれば完成 **08**

マスターシリンダーを前方に引いてスペースを作りながらキットの取り付けステーを差し込む **03**

ナックルガードの取り付け

定番で取り付けも簡単なナックルガード。とはいえ取り付け手順は事前にしっかり予習したい。

マスターシリンダー固定ボルトを上、下の順で仮留め。ステーのクランプも仮留め（ボルトは上下均等に締める）し、ステーを干渉しない位置に整える **04**

ナックルガード

林間走行などで小枝等から手元を守れるアイテム。樹脂製のガードはアルミ材フレーム混入で高い強度を誇る　¥7,480

取付部にキット付属のステースペーサーを取り付ける **01**

ガードをステーに取り付ける。固定はカラーを併用するボルト1本を使う **05**

全体の位置を調整したらボルトを本締めする。マスターシリンダーは上を完全に締めてから下を締め、ステーは上下均等に締める（トルクは8Nm）

06

ガードのボルトも8Nmのトルクで締める。左側はレバーがないので、より簡単に付けられる

07

フロントキャリアの取り付け

荷物の多いキャンプで活躍しヘビーデューティー感も演出できるフロントキャリアを取り付ける。

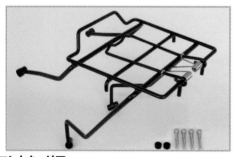

フロントキャリア
シュラフや雨具の積載に便利なフロントキャリア。バインダーが付いているので地図の固定も可能　　　　　¥10,780

フロントフォークを緩めていくので、センタースタンドをかけた上で、車体が動かないようエンジン下にジャッキを掛けておく

01

トップブリッジのフォーククランプボルトを6mmヘキサゴンレンチで緩めて外す

02

アンダーステムのフォーククランプボルトも同じく6mmヘキサゴンレンチを使い抜き取る

03

トップブリッジのボルト穴にカラーを入れてキャリアをセットし、付属ボルトを差し込む

04

下側はカラーを使わずに、付属ボルトでフォーククランプ部に取り付ける

05

フォークが規定の位置から動いていないことを確認した上で、上下のボルトを29Nmのトルクで締め付ければ取り付け完了だ

06

同じくカラーを間に入れつつ（ツバを外側に向ける）ヘッドライトマウント部にガードを仮留めする

03

ヘッドライトガードの取り付け

バイクの顔を彩り、スタイルアップに大きな効果を生み出すヘッドライトガードを装着していく。

ヘッドライトガード
ヘッドライトの光を遮ることなく使え、トレッキングスタイルをより高めてくれるアイテム。ブラックの他シルバーもある　　　　¥8,580

ヘッドライト中央の分割部とガード中央のパブを一致させる

04

ライトの角度を調整し、各ボルトを本締めする。締め付けトルクは左右マウント部12Nm、下の光軸調整部が2Nmだ

05

ヘッドライトケース下にある光軸調整用のボルトを8mmレンチで取り外し、ケースを固定する左右のボルトも外しておく

01

間にカラーを挟み、付属ボルト＆ワッシャでガードをケースに仮留めする（使用レンチは3mmヘキサゴン）

02

センターキャリアの取り付け

カブ系定番アイテムとも言えるセンターキャリア。製品ごとに取り付け手順は違うので要確認。

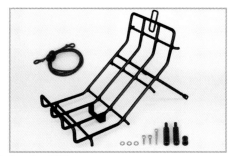

センターキャリア
カブ系ならではの積載アイテムといえるセンターキャリア。固定に便利なゴムロープが付属する　　　　¥10,780

ガードパイプ前側マウント部のこのボルト（後ろ側）を6mmヘキサゴンレンチで左右とも外す **01**

5mmヘキサゴンレンチで、センターカバーのボルトを外す **02**

付属のカラーをガードパイプマウント部に取り付ける **03**

カラーにはヘキサゴンレンチ用の穴があるので、8mmのヘキサゴンレンチを使い、15Nmのトルクで締め込む **04**

センターカバーのボルト穴に、付属のカラーを写真の向きでセットする **05**

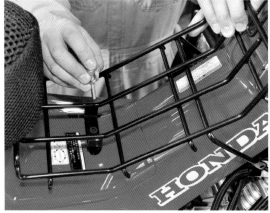

 外装パーツに当たらないよう気をつけながらキャリアをセット、センターカバー部にボルトを差し、仮留めする

そのままキャリアを保持しながら、ガードパイプ部のカラーへも付属ボルトで仮留めする **07**

問題なく仮留めできたらセンターカバー部のボルトを5mmヘキサゴンレンチを使い10Nmで締める **08**

ガードパイプ部のボルトも同工具・同トルクで締めれば完成 **09**

キタコのアイテムで便利&快適に!

ミニバイクを中心に多数のパーツを揃えるキタコ。ここでは使い勝手を向上するアイテムの取り付けを紹介する。

1. ハザードランプ機能が追加できる左ハンドルスイッチ。デザインも純正同様でマッチングは抜群　2. メーター脇に取り付けられる、いまや欠かせないアイテムとなったUSB電源キット　3. 実用性アップに貢献するセンターキャリア　4. 簡単・短時間でヘルメットを固定できるヘルメットホルダー

　普段使いに、またツーリングにと、走る楽しさを提供してくれるハンターカブ。ただ便利に使えば使うほど、もう少しこうだったら、という部分も見えてくる。これはいたれりつくせりのビッグバイクに比べて手軽な値段なのだから仕方ない部分と言える。とはいえ、そういった要望に応えてくれるパーツがリリースされているから問題ない。ここでは、かゆい所に手が届くキタコ製パーツの取付手順を解説していく。速度パルス変換ユニットは聞き慣れないかもしれないが、スプロケ変更で変速比を変更し、走りを変える際には必須のアイテムとなっている。

装着アイテムリスト

- USB電源キット
- 左ハンドルスイッチ
- ヘルメットホルダー
- センターキャリア
- 速度パルス変換ユニット

速度パルス変換ユニットの取り付け

より力強い加速や、低回転化を狙い行なうスプロケ変更時に使いたいユニットを付ける。

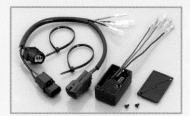

速度パルス変換ユニット
スプロケ変更時に起こる速度表示異常を補正するためのユニット　　　　¥11,000

01 中心を押しロックを解除する

02 トリムクリップを抜く

03 ボルトを外しセンターカバーを外す

04 左カバー固定ボルトを取り外す

05 左カバーを外す

06 車体中央のボルトを外す

07 フォーク付近のボルトを外す

08 前端上面のボルトを外す

01. 配線接続のため、外装パーツを外していく。まずセンターカバーを外すため、写真の位置にあるトリムクリップの中心部を先の細いもので押して凹ませる

02. 中心を凹ませるとロックが解除されるので、トリムクリップを引き抜く

03. 爪に気をつけながらセンターカバーを取り外す。より細かい手順はベーシックメンテナンスのコーナーを参照してほしい

04. 次にロゴが描かれた左カバーを外すために、写真の位置のボルトを5mmのヘキサゴンレンチで外す。左カバーの後端にトリム

クリップがあるので、それも外す

05. 横に引いて左カバーを取り外す

06. フレームを覆う大きなカバー、メインパイプカバーを外す。エアクリーナーの手前側、写真の位置にあるボルトを10mmレンチで緩めて外す

07. カバーの前端、下側にあるこのボルトを5mmヘキサゴンレンチで外す

08. 左右のメインパイプカバーを接続している、前端上面のボルトを5mmのヘキサゴンレンチで外す

09 後端上面のトリムクリップを外す

10 ロアカバーのクリップを外す

11 もう1つのクリップを外す

12 左メインパイプカバーを外す

13 爪があるので注意

14 ジョイントのバンドを緩める

15 チューブのバンドを緩め、ブリーザーチューブを抜く

16 コネクティングチューブを外す

09. カバーの後端上面はトリムクリップがあるので、これも外す

10. メインパイプロアカバーにあるトリムクリップを外していく。まずは写真の位置に1つ

11. もう1つはここの位置。外すメインパイプカバーは左だけなので、他のクリップはそのままで大丈夫

12. 爪による固定を解除しながら左メインパイプカバーを外す

13. カバー分割面を上から見た様子。右カバー側に3つある穴にはまるよう、左カバー側に爪がある。接続の解除に力がいるが、乱暴にやると爪が折れるので気を付けよう

14. 作業の邪魔になるのでエアクリーナーからスロットルボディにつながるチューブ類を外す。最初は写真の位置にあるプラ製のジョイントにあるバンドをプラスドライバーで緩める

15. 次にスロットルボディとゴム製チューブの接続部にあるバンドを緩める。また一連のチューブ類に沿ってあるブリーザーチューブをエアクリーナーボックスから抜いておく

16. 緩めた2つのバンド間のチューブとジョイントを一式で外す

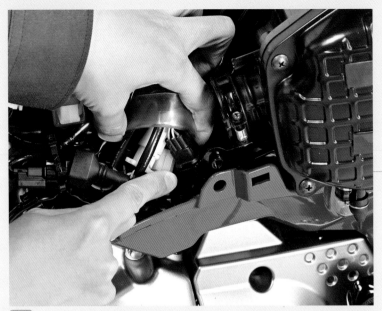

17 カプラーを露出させる

18 黒いカプラーを分割する

19 付属ハーネスのカプラーを接続

20 もう一方のカプラーも接続

21 バッテリーカバーにある故障診断用カプラーの蓋を取る

22 ハーネスのカプラーを接続する

23 ハーネスとユニットをギボシで接続する

17. チューブ類を外すとハーネスが見えるので、透明なカバーをめくって中のカプラーを露出させる。写真で指を差している黒いカプラーで作業をするためだ

18. 露出させた黒カプラーを分割する

19. キットに付属しているハーネスを接続する。まず外した黒カプラーの下側に接続する。カプラーのオスメスの組み合わせを間違えないこと

20. 上側の黒カプラーにも接続したら、カバーを元通りにしておく

21. 次にバッテリーカバーにある故障診断用のカプラーに移る。カバーからカプラーを外したら、蓋を外しておく

22. 蓋を外したカプラーに、付属ハーネスのカプラーを接続

23. 車体側ハーネスと付属ハーネスの接続を終えたら、付属ハーネスにある4つの配線を、色を合わせてコントローラーの配線とギボシで接続する。ギボシはしっかり奥まで差し込み、抜けないようにする

24 蓋を固定するビスを外す

25 蓋を外して設定の準備をする

26 ボタンを押し設定する

27 蓋を戻しコントローラーを配置

28 外した部品を戻す

左ハンドルスイッチの交換

ノーマルにはない機能を追加するスイッチを取り付ける。取り付けにはドリルが必要だ。

Lハンドルスイッチ
ハザード機能とパッシング機能が備わったハンドルスイッチ　　　　　¥18,700

01 作業するカプラー

02 カプラーを外し配線を引き出す

03 スイッチボックス下にあるビスを緩めて外す

---

24. コントローラーを取り付けたら設定をしていく。そのために、蓋を固定しているプラスビス2本を外す。なめないよう、サイズの合ったドライバーを用意すること
25. ビスを外すと蓋を取り外すことができる。写真右が正しい上下の向きとなるので、液晶画面で設定値がわかり、ボタンを押すことで調整をすることができる
26. ボタンを押しながらバイクのメインスイッチをONにすると、液晶表示部が点灯する。マニュアルを見ながらボタンを押して希望する設定値にする

27. 設定を終えたらメインスイッチをOFF。蓋を閉じたら、バッテリー前部付近にコントローラーを収める
28. 外した部品を元に戻せば取り付け終了だ

01. ノーマルの左スイッチを外すため配線処理をする。作業位置はトップブリッジ下、スイッチの配線の先にあるこのカプラーだ
02. カプラーを分割したら配線を上に引き出す
03. プラスドライバーを使い、スイッチボックス下にあるプラスビス2本を抜き取る

04 スイッチを取り外す

05 グリップエンドごとインナーウエイトを抜き取る

CHECK

ハンドルの穴から抜け止めの爪にアクセスする

06 穴あけ用の型紙を巻く

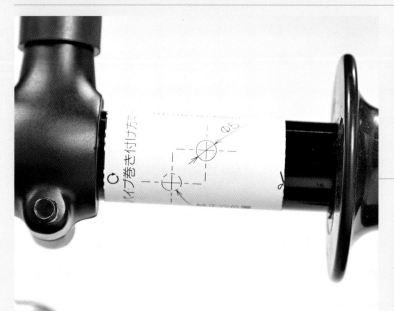

07 穴をあける場所はここ

08 穴あけ位置にポンチを打つ

09 ドリルで穴をあける

04. 二分割造のスイッチは上下でつながっているので、ライダー側を開いて車体前方に向かってハンドルから外す

05. 今後行なう穴あけ作業に支障が出る恐れがあるので、ハンドル内に差し込まれたインナーウエイトをグリップエンドごと抜く。グリップをめくり、ハンドル上面にある穴から、リテーナー爪を押しながら手前に引き抜く

CHECK 写真左、工具の先にあるのが作業する穴。写真右で指差しているのが押し込む爪だ。グリップを付けたままでの作業はなかなか大変

06. キットのスイッチは回り止め用の突起が純正とは異なるため穴あけ作業が必要。マニュアルに穴あけ用の型紙が付属するのでハンドルに巻き付ける

07. 型紙には印が2つあり、指示に合わせ一方を元からあいている穴に合わせると、もう1つの印があけるべき位置になる

08. 判明した位置にポンチを打つ。こうすることでドリル刃がズレるのを抑えることができる

09. ドリルで印の位置に直径5mmの穴をあける

10 穴をあけた状態

11 穴に合わせてスイッチを付ける

12 配線を取り回し接続する

13 インナーウエイトを戻す

14 トリムクリップを外す

15 上面の固定ボルトを外す

16 側面の固定ボルトを外す

17 カバーを養生する

18 カバーを取り外す

19 カバーにはグロメットがあるので注意

20 ウインカーリレーはこの位置

21 付属のリレーと交換する

10. 穴をあけ終えた状態。バリがあれば取り除いておく

11. 穴に突起を合わせながら、キットのスイッチを取り付ける。固定ビスは必ず付属品を使用すること

12. 純正と同じように配線を取り回し、カプラーを接続する

13. インナーウエイトを元に戻す。爪と穴の位置を合わせて差し込むだけでOKだ

14. ウインカーリレーを交換するため、シート下のカバーを外す。まず上面にあるトリムクリップ2つを外す

15. 同じく上面にあるボルトを10mmレンチで外す

16. 右側面にあるボルトを5mmヘキサゴンレンチで外す

17. キャリアとの接触傷を防止するためカバー後部を養生する

18. 真上に持ち上げるようにしてカバーを取り外す

19. カバーと車体は、写真の位置で爪とグロメットによる固定がある。作業時の参考にしてほしい

20. 車体側のグロメットの下にウインカーリレーが収められている

21. ゴムのホルダーをずらしながらリレーを取り外し、付属のリレーと交換。スイッチの動作確認をして問題なければカバーを元に戻して作業完了だ。

USB電源キットの取り付け

スマホはナビにもなりツーリングに欠かせない。その充電に使える電源キットを付ける。

USB電源KIT
モバイルへの電源供給に最適な2ポートタイプのUSB電源キット　　　¥4,400

01 レンズの固定ビスを外す

02 ヘッドライトレンズを抜く

03 カプラーを外しヘッドライトレンズを分離する

04 青いオプションカプラーの蓋を外す

05 オプションカプラーに付属ハーネスを接続する

06 ステーに本体配線を通す

07 ナットを使い本体を固定する

08 配線をライトケースに入れる

09 本体と付属ハーネスを接続する

---

01. ヘッドライトレンズを外すので、側面にあるプラスビス、合わせて2本を外す

02. 上側に爪があるので、下から引き出すようにしてレンズをライトケースから分離する

03. レンズ裏にある灰色のカプラーを分割すると、レンズを完全にケースから外すことができる

04. ヘッドライトケース内の右側にオプション用の青いカプラーがある。そこに付けられている蓋（ダミーカプラー）を外す

05. キットに付属しているハーネスをオプションカプラーに接続。付属ハーネスにあるもう1つの青いカプラーには、先程外したダミーカプラーを付けておく

06. 今回、メーターステーに取り付けていくので、ステーにあるゴムのプラグを外してから、その穴にUSB電源本体の配線を通す

07. メーターステーの下から固定用ナットを近づけ、その穴に配線を通す。本体をステーに密着させナットを本体に締め付け固定

08. USB電源本体の配線を、後方にある穴からライトケースの中に入れる

09. 本体の配線と付属ハーネスを配線の色を合わせつつ接続する

10 ライトケースを戻す

11 電源を入れて動作を確認

センターキャリアの取り付け

ちょっとした物の積載やドレスアップに使いたいセンターキャリアを取り付けていく。

センターキャリア
実用性とドレスアップ感を重視したセンターカバーに装着するキャリア ¥7,700

01 マフラー下のボルトを外す

02 アンダーカバーパイプ前側にあるボルトを外す

03 左カバーのボルトを外す

10. 外したカプラーを接続した後、ヘッドライトレンズをケースに取り付ける

11. メインスイッチをONにして動作を確認する。正常に取り付けられていれば、USB電源本体が光る。実際にUSB機器も取り付けてチェックしてみよう

01. キタコのセンターキャリアは前後左右4点でマウントするため、固定部のボルトを外していく。まずは右側、マフラーの下にあるこの位置のボルトを5mmヘキサゴンレンチで外す

02. 次にアンダーカバーパイプ前側の取付部、黒いカバーの前側の穴の奥にあるボルトを6mmヘキサゴンレンチで外す

03. 最後の1点は左カバー前側を固定しているこのボルトで、5mmのヘキサゴンレンチで緩めて外す

04 左カバー部にカラーをセット

05 アンダーカバーパイプ部にカラーを差し込む

06 右メインパイプカバー部に使用するカラー

07 メインキャリアをセットする

08 アンダーカバーパイプ部にボルトを取り付ける

09 後部の取付部にボルトを差し込む

10 各ボルトを本締めする

11 取り付け完了

ヘルメットホルダーの取り付け

純正は使い勝手がもう一つのヘルメットホルダー。アップデートを目指すならこれだ。

ヘルメットホルダー
シートの左下後方部に取り付ける、便利なヘルメットホルダー　　　¥3,520

01 エアクリーナーのボルトを外す

---

04. 各取付部にカラーをセットしていく。左後部、左カバー部は黒く短いカラーで、細くなっている方を車体側に向ける

05. アンダーカバーパイプ部のカバーには、この黒くて太いカラーを左右とも差し込む

06. 右側後方となるこの位置には、銀色のカラーを使う

07. 車体に接触させ傷を付けたり、セットしたカラーを落とさないよう気を付けながら、センターキャリアを取り付け位置に配置する

08. 前側取付部に、付属のボルトをワッシャーを併用しつつ仮留めする

09. 後ろ側の取付部にもボルトを取り付ける。左側は頭が半球形のヘキサゴンボルト＋ワッシャーを、右側は頭が円柱状のヘキサゴンボルトをスプリングワッシャと平ワッシャを使い仮留めする

10. 無理なく各部が仮留めできたら、すべてのボルトを交互に本締めする。トルクは前側22Nm、後ろ8Nmだ

11. 取り付け完了した状態

01. 車体左側、この位置にあるエアクリーナーのボルトを外す

02 蓋側のビスを外す

03 カラーとホルダープレートを組み合わせる

04 ビスとボルトでホルダープレートを固定する

05 ヘルメットロックをホルダープレートにセットする

06 ヘルメットロックを固定する

07 取り付け完了

08 ヘルメットを取り付けた状態

---

02. 先程外したボルトのすぐ近くにある、エアクリーナーの蓋側を留めるプラスビスも取り外す

03. 段付きカラーとヘルメットホルダープレートを組み合わせる。カラーは段のある方を車体側に向けてプレートの裏、向かって右下の穴にセット。スプリングワッシャと平ワッシャを組み合わせたヘキサゴンボルトで接続する

04. カラーを入れたボルトを*01*で外した穴に仮留め。*02*でボルトを外した穴とプレートの向かって左下の穴を、外した純正ビスで接続。問題なく付いたら、両者を本締めする

05. プレートにある切り欠きに突起を合わせてヘルメットロックをセットし、付属のプラスビス（皿ネジ）で固定する

06. 緩んでいると脱落してしまうので、しっかりとプラスビスを締め込むこと

07. 以上で取り付けは完了。動作確認しておく

08. こちらは実際にヘルメットを取り付けた様子。鍵1つのワンタッチ、かつ短時間でヘルメットの脱着が行なえる

ハンターカブ イベントリポート

人気車種ということで様々なコミュニティーがあるハンターカブ。ここでは取材期間中、運良く訪れることができたオーナーミーティングの様子をお届け。

写真＝佐久間則夫 *Photographed by Norio Sakuma*
協力＝ツアラテックジャパン

十人十色、それが実感できる

　ツアラテックジャパンの敷地で行なわれたイベントに訪れると、規模は20台程度だが、個性あふれるハンターカブに遭遇することができた。旅仕様が多いのは予想通りではあるが、そのアプローチは多様で、取材班はもちろんオーナー同士も車の観察をしあい、情報交換を盛んにしていた。

ミーティングを主催したのは、各種メディアでも有名なミヤシーノこと宮下さん。愛車は各種ラリーに参戦するだけあって、実戦的カスタムがなされる

次々現れる個性的な車両に皆さん興味津々。会場一角ではフリーマーケットも開催されていた

思い思いに会場を訪れ、自分のタイミングで会場を去る、緩やかな雰囲気でミーティングは進行。これが今どきのスタイルと言える

目立った車両をピックアップ

ここでは取材班が独断と偏見で選んだ、個性的なハンターカブを紹介していこう。

自作アイテムも多い
旅仕様カスタム

ミニバイク系が好きで登場後すぐスーパーカブ110から乗り換えたというmasahikoさん。2020年10月納車からカスタムは徐々に進みこの姿に。小技が利いたメニューは参考になる人も多いだろう。

1. スクリーン、ハンドガード、フロントキャリアと旅に便利なアイテム満載のフロント周り。ライト左脇にあるのは移設した純正ツールボックス　2. 雑誌の記事を参考に自作したレッグシールドを装着。ノーマルのようにフィットしたマフラーは、スペシャルパーツ武川のスポーツマフラーにCT110純正ヒートガードをあわせたもの　3. ツアラテックのツールボックス＆サドルバッグ

ホンダマンも魅了した
ハンターカブ

長年ホンダに勤務したという横山さん。ハンターカブは出た瞬間買おうと決めたそうで、どうせならと多くのカスタムパーツを納車とともに装着したのだそう。旅にイベントにと、走り回っているそうだ。

1. ナビを始め便利な電装パーツを効率よく取り付けたハンドル周り。そこは経験豊富な技術者の腕が光る　2. スペシャルパーツ武川製のヘルメットホルダーを使い、CT110用のサブタンクをセット。リアサスはキタコ製　3. マフラーはヨシムラをセレクト。歯切れのよいサウンドを奏でていた。今後はエンジンに手を入れたいそうで、部品を吟味中とのことだった

海外カスタムに
インスピレーション

　登場した瞬間、参加者全員の視線を釘付けにしたこの車両は橋本さんのハンターカブ。雑誌で見かけた海外のカスタム車に触発されて作り出したとのこと。既製品を加工したりと独自性も光る。

1. 個性的なマフラーは mugello 製だが、そのままではスタイルが…、とのことでエキパイは 3.5cm ショート加工がなされる。吸気系もパワーフィルターを合わせた独自仕様　**2.** 大胆にカットされたリアフェンダーに組み合わされたキャリアは、タイ製のアイテム。ウインカーはキタコのクレイズミニだ　**3.** 樹脂製のアップフェンダーもタイ製のもの。ミニマムサイズのウインカーはチャフト製をセレクトする

読者 プレゼント

高性能シャフトを展開する KOOD より読者プレゼントを頂いた。点数は各アイテム1点で、右の要領に沿って、編集部まで応募してほしい。

● 応募先
官製はがきに、住所、氏名、希望商品、本書の感想を記載の上、下記までお送りください。締切は **2021年12月31日消印有効**となります。

〒 151-0051
東京都渋谷区千駄ヶ谷 3-23-10　若松ビル2F
株式会社スタジオタッククリエイティブ
ハンターカブカスタム＆メンテナンス　プレゼント係

※当選者の発表は商品の発送（2022年1月初旬予定）をもって代えさせていただきます。

フロントアクスルシャフト　　　　　1名
CT125ハンターカブ、クロスカブ 110/50（JA45/AA06）、スーパーカブC125に適合するクロモリ製アクスルシャフト
KOOD　¥19,800

リアアクスルシャフト　　　　　1名
CT125、C125対応。国産クロームモリブデン鋼を使い生材から熱処理を加え、ひずみをプレス修正するなど非常に手間がかかった逸品
KOOD　¥20,900

ピボットアクスルシャフト　　　　　1名
強度と粘りを兼ね備えるクロモリを使ったシャフト。CT125専用で走りの質を確実に高めてくれる
KOOD　¥23,100

CT125 HUNTER CUB
CUSTOM PARTS SELECTION

**CT125ハンターカブ
カスタムパーツセレクション**

カスタムベースとしても人気が高いハンターカブには、豊富なカスタムパーツが発売され、その数はますます増えている。ここではそんなカスタムパーツを紹介していく。カスタムプランに役立ててほしい。

WARNING　警告

● 本書は、2021年5月30日までの情報で編集されています。そのため、本書で掲載している商品やサービスの名称、仕様、価格などは、製造メーカーや小売店などにより、予告無く変更される可能性がありますので、充分にご注意ください。価格はすべて消費税(10%)込みです。

ハンドル周りには実用性を高めるアイテムが多数揃う。自分のセンスと使い方に合わせて選びたい。

マルチステーブラケットキット

アルミ削り出しブラケットと直径 22.2mm のアルミパイプを組み合わせ、ハンドルクランプタイプのアクセサリーが取り付けできる。カラーはシルバーとブラックの2タイプ

スペシャルパーツ武川　¥6,050

マルチバー

ハンドルと同じ直径なので各種ホルダー等の装着が可能。バーの長さを 180mm と長めに設定しているのでアイテムが複数装着できる

エンデュランス　¥4,400

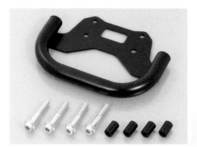

マルチバーパスバー

ハンドルアッパーホルダーに取り付けるタイプの多目的バー。直径 22.2mm なので、ハンドルクランプタイプの各種アクセサリーの固定に使える

キタコ　¥4,620

ハンドルガード

アルミ削り出しブラケットと直径 22.2mm のアルミパイプを組み合わせ、ハンドルクランプタイプのアクセサリーが取り付けできる

スペシャルパーツ武川　¥8,250

マルチバウントバー FE

スマートフォンやドリンクのホルダー取り付けに便利なマウントバー。主張の少ないブラックボディを採用する

デイトナ　¥3,960

ハンドルアッパーホルダー

ハンドル周りをドレスアップする、レッド、ブラック、シルバー、ゴールドがあるハンドルアッパーホルダー。2個1セット

キタコ　¥7,150

ハンドルクロスバー S

高級感が自慢のアルミ削り出し製ハンドルクロスバー。クロスバー直径をハンドルと同じにすることでアクセサリー装着に対応。5色あり

エンデュランス　¥4,400

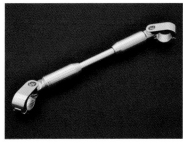

ハンドルブレース

ハンドルバーの剛性を高め、振動やしなりを軽減しダイレクトなハンドリングを実現するアルミ製ブレース。カラーは銀、金、黒がある

キタコ ￥7,700

アジャスタブルハンドルブレース

伸縮自在で幅広い車種と取り付け方法に対応するハンドルブレース。クランプ部の穴の間隔が 260 ～ 320mm のスタンダードと 200～ 260mm のタイプ S がある。カラーは 4色から選べる

アルキャンハンズ ￥5,687

クランプバーブラケット ミラーホルダー用

ステーの上下を入れ替えるとオフセット方向が変わる、アクセサリー装着用のバー。バーはネジ留めなので自由な向きに固定できる。バーの色はメッキ、シルバー、ブラックの各色

アルキャンハンズ ￥2,662

エクステンションバー ミラークランプタイプ

ミラーと共締めして取り付ける、ハンドルマウントタイプのアクセサリー装着に便利なバー。色はブラック、ガンメタ、レッドがある

プロト ￥2,750

エクステンションバー マスタークランプタイプ

ブレーキマスターシリンダー部分に取り付ける、アクセサリー装着用のバー。ブラック、ガンメタ、レッドの色が選択できる

プロト ￥2,970

ピボットレバー CP

転倒時、レバーが前方に動き衝撃を吸収、内蔵スプリングで自動復帰するアルミ削り出しのレバー。位置調整機能も装備する

ダートフリーク ￥7,040

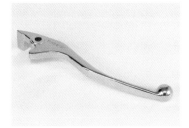

アルミビレットレバー

転倒時、レバー折損の可能性を低減できる、レバー部が可倒式になったレバー。6段階での位置調整もできる

スペシャルパーツ武川 ￥14,080

クロムメッキレバー

レバータッチと実用性に優れた純正レバーの形状を採用しつつ、メッキ仕上げとすることでドレスアップ効果を高めたレバー

スペシャルパーツ武川 ￥4,378

右側レバー

純正品と同仕様の補修用ブレーキレバー。転倒した時のレバー欠損時に重宝する。カラーは純正と同じくブラック

キタコ ￥1,870

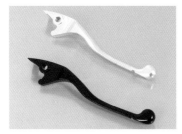

ビレットレバー

ハンドル周りをドレスアップしてくれるアルミ削り出しの高品質レバー。アルマイト仕上げでシルバーとブラックの2タイプ

キタコ　¥5,500

STFレバー ブレーキ

高精度でガタが少なくダイレクトな操作感が得られる可倒式のレバー。レバー位置調整機能付きで6色のカラーから選べる

アクティブ　¥11,000

アジャスタブルレバー

ブルー、レッド、ゴールド、シルバー、ブラックから選べるアルミ削り出しブレーキレバー。6段階で位置調整が可能

エンデュランス　¥6,600

6段階アジャスター可倒式ブレーキレバー

レバー前面に滑り止め加工を施しつつ角を極力無くし操作性を重視。6段階アジャスターによって好みの位置に調整が可能だ

スナイパー　¥5,775

hi-QUALITY ブレーキレバー

アルミ削り出しのブレーキレバーで、手間のかかる2色のカラーアルマイトを施す。黒と組み合わせる色は赤、青、金、銀の4タイプある

エンデュランス　¥4,730

ZETAアドベンチャーアーマーハンドガード

オフロード走行にも対応する高剛性アルミ合金を使用。専用バーエンドを使用しており、純正ハンドルバーにも対応する

ダートフリーク　¥13,640

振動吸収レバーガード 削り出しワンピース

グリップ部の振動を吸収し快適性もアップできるレバーガード。転倒時の損傷を抑えるためグリップエンド部にスライダーを設ける

アウテックス　¥13,200～18,700

ハードウェアキット 2ポジションマウント

KTMの純正オプションにも採用されるバークバスターズブランドのハンドガード。2点固定の強固な構造を実現。JET、VPS、STORM、CARBONの各ハンドガードに適合する

リベルタ　¥15,180

GD ハンドプロテクター セット

アドベンチャールックを更に引き立てるハンドプロテクター。高強度樹脂製で飛び石や枝からガード。色は黒と白があり黄は限定となる

ツアラテックジャパン　¥16,500

ナックルガード

林道走行時などで、小枝等から手元を守ることができるアイテム。ナックルガード部にアルミ材フレームが混入され高い強度を持つ

スペシャルパーツ武川　¥7,480

ZETA スクードプロテクター

ZETA アーマーハンドガードシリーズに装着できるプラスチックガード。カラーはブラックとホワイトがある

ダートフリーク　¥4,620

ACERBIS TRI FIT ハンドガード

2点固定、ハンドル片持ちマウント、バーエンドマウントと3種類の取り付け方が可能。ガードの色は黒、赤、青、白、オレンジ、緑、黄

ラフアンドロード　¥15,730

ZETA スペシャライズドハンドルバー

オフロードでの走行性能と安定性を重視したワイドアップ形状のアルミハンドル。スイッチボックス用穴あけ加工済みのボルトオン設計

ダートフリーク　¥8,250

ステンレスハンドルバー

純正に比べ、幅はほぼ同じとしつつ高さを約30mmアップ、角度も約10度広げることでオフロードバイクに近いポジションを実現

エンデュランス　¥6,600/7,150

ナックルバイザー

割れにくい耐衝撃アクリルで作られた透明感のあるバイザー。スタイリッシュに手元を保護できる。取り付けは簡単ボルトオン

旭精器製作所　¥12,650

バーエンドキャップ

黒でまとめられたグリップ周りに視覚的ポイントを生み出すアルミ製バーエンド。レッドアルマイトとガンメタリックアルマイトの2種

キタコ　¥5,280

2ピースハンドルバーエンド

2ピース構造とすることで複雑かつ立体感あるデザインとしたバーエンド。10種のカラーバリエーションから自由に選べる

スペシャルパーツ武川　¥4,290

アクセサリーバーエンド

ノーマルのウェイト効果はそのままにステンレスの質感と美しい造形が得られるバーエンド。ノーマルと違いサビや退色の心配がない

スペシャルパーツ武川　¥4,180

汎用マスタシリンダーホルダー HG

切削加工、アルマイト加工を交互に2度行なうことで2色のカラーアルマイトを実現。中心部の色はブルー、レッド、ゴールド、シルバーの4種

エンデュランス　¥1,980

ZETA ローテティングバークランプUN

クランプ内側のナイロンスリーブにより固定を確実にしつつ強い衝撃がかかった時にはレバーホルダーを回転させ破損リスクを軽減

ダートフリーク　¥1,980

アルミ削り出しマスターシリンダーガード

ゴールド、シルバー、レッドの3カラーから選べるマスターシリンダーガード。美しい色合いと高品質な削り出し加工の造形が、ハンドル周りに色を添えてくれる

スペシャルパーツ武川　¥3,080

マスターシリンダーキャップ

地味なノーマルと交換することで大きくカスタム感をアップできるアルミ製のキャップ。H2C製でシルバー仕上げとなる

プロト　¥2,750

Ｚミラーセット

ショートとロング、2種類のアームが付属したミラーセット。ミラーケース内で鏡面部分のみを動かすことが可能。保安基準に合わせるため、装着時は車両備え付けミラーアダプターを流用すること
スペシャルパーツ武川　¥4,180

アドベンチャーフォールディングミラー

可倒式のこのミラーは適切な視界を確保しつつ転倒時の破損リスクを低減。アーム部は18度単位での角度調整ができる。1本売り
ツアラテックジャパン　¥5,093

ラジカルミラー サークル

ベーシックな円形ながらステー取付部をメッキまたはレッドとすることで個性を発揮。アジャスター機能付きで細かな角度調整が可能
エンデュランス　¥9,900

RALLY690ミラー

転倒時のダメージを徹底研究し、可倒ステー、フルアジャスト機能、三次元ステー構造を採用。後方視認性にも優れる。左右別1本売り
ラフアンドロード　¥2,090

DRC 161オフロードミラー

ピボット機能により角度を細く設定可能ながら、折りたたむこともできるミラー。右用、左用、1本ずつでの販売となる
ダートフリーク　¥1,760

ステムナット

ノーマルと交換するだけと簡単装着可能なステムナット。シルバーのベースに、ゴールド、ブラック、レッド、シルバーのインナーを合わせる
スペシャルパーツ武川　¥3,300

ステムナット

トップブリッジ周辺にカスタム感を付加できる2トーンカラーのステムナット。ブラックベースとあわせるインナーカラーは4色を用意
スペシャルパーツ武川　¥3,300

アルミ削り出しメインスイッチカバー

樹脂製のノーマルメインスイッチに貼り付けることでアルミの質感と優れたデザインが得られる。カラーは5色からセレクトできる
スペシャルパーツ武川　¥1,650

ZETA ステムナット

アルミを切削加工後、アルマイト処理を施したドレスアップ効果が高いステムナット。写真は別売のステムキャップと組み合わせたもの
ダートフリーク　¥1,430

アルミキーボックスカバータイプ3

メインキーボックスに貼り付けて使用するドレスアップパーツ。アルミ削り出し製で、ブルー、レッド、ゴールドのアルマイト仕上げ
キタコ　¥1,210

ハンドルグリップ左右セット
純正ボディカラーに準じたレッドとブラウンがラインナップするH2C製のハンドルグリップ。左右セットとなる

プロト　¥3,850

スーパースロットルパイプ
グリップ一体型の純正スロットルパイプと交換することで、社外品のグリップを装着できるように設計したスロットルパイプ

キタコ　¥660

ヘルメットホルダー
マスターシリンダー部に取り付けるヘルメットホルダーで、盗難抑止対策ボルトを採用しセキュリティー性も高い

スペシャルパーツ武川　¥3,960

ヘルメットホルダー
マスターシリンダー部に取り付けるヘルメットホルダー。目立たないブラックの他、ドレスアップ効果もあるシルバーとゴールドもある

キタコ　¥3,080

USBコンバージョンキット
スマホやタブレットの充電に使えるUSB(A)端子を備えた出力アダプター。ハンドルクランプが付属しているので、簡単にハンドルマウントが可能。本体の色はガンメタの他にブラックもある

プロト　¥3,190

USB電源KIT
モバイル機器への電源供給に最適な2ポートタイプの電源キット。DC5Vで最大出力は2,000mA

キタコ　¥4,400

ヒートグリップ TYPE-1
スロットルパイプ一体形状とすることで、通常のグリップとほぼ同じ直径を実現。ヒートレベルは5段階に調整できる

スペシャルパーツ武川　¥12,650

ビレットキーカバー
純正メインキーの樹脂部分を取り除き、アルミ削り出しのビレットカバーを取り付けるドレスアップパーツ。レッド、ブラック。ガンメタの3色

キタコ　¥3,080

L ハンドルスイッチ
ノーマルには無いハザード機能とパッシング機能を備えたハンドルスイッチ。ボルトオン装着が可能。ウインカーリレー付属

キタコ　¥18,700

パーキングブレーキキット
フロントブレーキレバー部に装着することで、ブレーキをロックできるアイテム。傾斜のある場所でのサイドスタンド使用時に重宝する

エンデュランス　¥5,500

GoPro用U字マウントセット

アクションカメラGoProをハンドルなどにマウントするためのラムマウント製のセット。アームは可動式で向きが変えられる

プロト　￥4,180

Xグリップ＆バーマウントベース

ラムマウントによる、Xグリップ、アーム、バーマウントベースのセット。アームは標準とショート、グリップはスマホ用とファブレット用あり

プロト　￥7,370〜7,920

Xグリップ＆U字クランプ

ラムマウントのU字クランプ、標準アーム、Xグリップのキット。スマートフォン用とファブレット用の2タイプがラインナップする

プロト　￥6,490/7,150

ロッドホルダーレールベース付

レール部に取り付けられるベースが付いた釣り竿用のホルダー。取付箇所の直径は19.05〜25.4mmまでに対応する

プロト　￥8,910

M8ボルトベース

ハンドルクランプボルトと交換して装着する、ラムマウントのアームを装着するためのベース。多彩なアクセリーが使えるようになる

プロト　￥1,430

ミラーフレームベース11mm穴

ラムマウントのアームを取り付けるためのベースで、ミラー部分に共締めして使用する。他のボルト部に使用することも可能だ

プロト　￥1,540

パワークランプボトルケージ2

直径φ19〜36mmのパイプに取付可能なドリンクホルダー。色はブラック、ブルー、レッド、ホワイトからセレクトできる

ラフアンドロード　￥1,320

Screen
スクリーン

走行時、風や雨、更には虫などからライダーを守ってくれるアイテム。長距離走行派は要チェックだ。

パイプマウントスクリーン

ハンドルパイプにクランプで取り付けるスクリーン。取付部は調整機構がありスクリーン角度を変更できる。スクリーンはスモークもある

ラフアンドロード　￥8,800

メーターバイザー CT125

スタイルを崩さないシンプルでコンパクトな専用設計メーターバイザー。バイザーはクリアとスモークの2タイプがラインナップする

ラフアンドロード　￥7,590

CT-03-L ロングスクリーン

ヘッドライト周りもカバーし、高い防風・防雨効果が期待できる大型スクリーン。ポリカーボネート樹脂製で高さ635mm、幅440mm

旭精器製作所　￥17,600

CT-08-B ミドルスクリーン

走行風をブロックし疲労を軽減してくれるアイテム。スモークカラーの程よいサイズでハンターカブのフォルムにピッタリマッチする

旭精器製作所　￥13,200

風防アンダーリペアクロウモデル

旭風防としてしられる同社創業65周年限定モデル。ポリカーボネート風防と3つのカラーから選べる帆布製のタレを組み合わせている

旭精器製作所　¥18,700

ZETAアドベンチャーウィンドシールド

スクリーンとモバイル用マウントバーが一体となったキット。高さは334mmでポリカーボネート製スクリーンはライトスモークカラー

ダートフリーク　¥18,700

ウインドシールドRS

スポーティなエアロフォルムデザインのウインドシールド。約10度の角度調整が可能で高さは440mm

デイトナ　¥16,500

ウインドシールドSS

高さ370mmのスモークシールドを使ったキット。スクリーンは厚さ3mmのポリカーボネート製で抜群の耐久性を誇る

デイトナ　¥16,500

メーターバイザー

フロントマスクのイメージチェンジが図れるFRP製のバイザー。純正色に近いブラウン、レッドの他、写真の未塗装（ブラック）がある

ヨシムラジャパン　¥10,780〜17,380

メーターバイザーセット＋取り付けキット

同社製の汎用メーターバイザーセットと専用取付キットをセットにした品。絶妙なサイズ感が魅力。バイザーはクリアとスモークがある

エンデュランス　¥9,570

> ## *Loading*
> ## 積載関連
>
> 普段使いからツーリングまで、ハンターカブへの荷物の積載を楽にしてくれる各種アイテムを紹介する。

センターキャリアキット

シフトチェンジやリアブレーキ時に影響を及ぼさない範囲で広い面積を確保。ゴムロープ付属でメッキ仕上げと黒塗装仕上げが選べる

スペシャルパーツ武川　¥10,780

センターキャリア

実用性とドレスアップ感を重視したミニキャリア。スチール製ブラック塗装仕上げでキャリア部の幅は180mm

キタコ　¥7,700

センターカウルプロテクター

タイH2C製のアイテムで、センターカウルを保護するとともに、軽いアイテムの積載を可能にするアイテム

プロト　¥9,680

センターキャリア

極太パイプを使用したガッチリとしたデザインが特徴のキャリア。フックを4ヵ所に装備し実用性も万全。最大積載量3.0kg

Gクラフト　¥18,150

センターキャリア

スチールで作られたシンプルなセンターキャリア。タイのH2Cブランドによるもので、最大積載量は0.5kg以下となる

田中商会　¥12,100

ベトナムキャリア

カブ系では定番と言えるベトナムキャリアのハンターカブ用。積載物の簡易固定に便利なバインダーステーが付いている

田中商会　¥7,040

マルチセンターキャリア

ハンドルクランプ式のアクセサリーやヘルメットホルダーの取り付けも可能な多機能センターキャリア。最大積載重量2kgを確保する

エンデュランス　¥14,300

サイドバッグサポート

サイドバッグのリアホイールへの巻き込みを防止し安全性を高めてくれる。スチール製ブラック塗装仕上げ

スペシャルパーツ武川　¥9,350

マルチサイドラック

キャリアの左側に取り付けるプレート。大小の穴があり、バッグ、サブガソリンタンク、釣り竿ホルダー等の装着ができる

Gクラフト　¥10,120

サドルバッグサポート左側専用

振り分け式のサイドバッグを装着した際の安定性を高めてくれるサポートバー。専用設計で純正リアキャリアとの相性抜群

デイトナ　¥7,700

ミニバッグ専用ステー

同社製のミニバッグを車体に取り付けるための専用ステー。これをフロントキャリア等に取り付けて使用する

Gクラフト　¥5,280

サイドバッグサポート CT125

サイドバッグが車体やタイヤへ干渉するのを防止するハンターカブ専用のサポートキット。絶妙な設計でサポート平面部は荷台横幅とツライチになる。メッキとブラックがある

ラフアンドロード　¥7,150/7,700

ヘルメットホルダー

純正工具箱を下に移設しつつヘルメットホルダーが装備できるアイテム。工具箱やヘルメットホルダーの代わりに純正予備タンクを付け、CT110スタイルにする、といった使い方もできる

スペシャルパーツ武川　¥15,180

フィッシングロッドホルダー

グリップ径φ30mmまでに対応した釣り竿用のホルダー。2本まで装着でき角度調整が可能。最大積載量は1.5kg

ダートフリーク　¥8,800

ボトルケース

ちょっとした荷物の収納に便利なボトルケース。ボトル本体はステンレス製で、ヘアライン仕上げとブラックの2種。最大積載量1.5kg

エンデュランス ¥18,700/20,350

ロッドケースキット

釣り竿等の長尺物の搭載に便利な高さ510mm、幅93mmのケースと取り付けステーのキット。最大積載量は3kg

エンデュランス ¥19,800

フロントキャリア

通勤通学用のカバンやシュラフなどの固定に便利なキャリアで地図固定に便利なバインダー付き。最大積載量は1.0kg

スペシャルパーツ武川 ¥10,780

フロントキャリア

ドレスアップ感を重視しているが荷掛けフックを2つ装備し実用性も充分なキャリア。キャリアサイズは210×145mm、最大積載量1.0kg

キタコ ¥5,500

フロントキャリア

ヘッドライト上部に装着するキャリア。キャリアのプレートには積載に便利な穴が用意される。最大積載量は3.0kg

Gクラフト ¥14,080

フロントキャリア

タイH2C製のフロントキャリア。質実剛健なデザインで実用性をアップする。積載量は約1.5kgまでが指定される

田中商会 ¥12,650

フロントキャリア

長さ160mm、幅200mmサイズ、最大積載量2kgとなるフロントキャリア。荷物固定に便利な荷掛けフック付き

エンデュランス ¥6,930

リアキャリア

純正キャリア+αの積載量が得られるキャリア。タンデム時の積載量がアップし、また大型のリアボックスの積載も可能にする

ワールドウォーク ¥13,800

リアロングキャリア

ノーマルより115mm長く、高い積載性が確保できるリアキャリア。最大積載重量は8kg。脱着可能なサイドバックサポート付き

エンデュランス ¥26,400

カントリーボックス

木製の本体に鉄製バーを装備したおしゃれなボックス。付属ボルトでボルトオン装着可能。製品の本体は無塗装＋焼印によるロゴ仕上げ

ダートフリーク ¥14,080

モノキーケースV47シリーズ

幅590mm、高さ320mm、最大積載量10kgのGIVI製トップケース。パネル等の組み合わせ違いの4種類が用意される

デイトナ ¥51,150〜56,650

モノキーケースTREKKER OUTBACKシリーズ

GIVI製アルミトップケース。写真のOBKN58は幅555mm、高さ323mmで10kgの最大積載量を誇る。カラーは銀と黒

デイトナ ¥78,100/84,700

スペシャルキャリアモノキーケース用

GIVI のモノキートップケースを取り付けるためのステーとベースのセット。ケースを安全かつ短時間で脱着できる

デイトナ　¥24,750

モノロックケース B42N ANTARTICA シリーズ

容量42LのGIVI 製トップケース。サイズは幅496mm、高さ319mm。取り付けにはモノロックケース用のキャリアが必要

デイトナ　¥25,300

モノロックケース B270N シリーズ

幅395mm、高さ299mm と程よい大きさのGIVI モノロックシリーズのトップケース。装着には専用のキャリアが必要

デイトナ　¥13,200

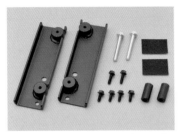

スペシャルキャリアモノロックケース用

ハンターカブに GIVI のハードケースを取り付けるためのキャリア。ケースは GIVI モノロックケース付属の汎用ベースで固定する

デイトナ　¥14,850

集配用キャリーボックス

容量が約110〜148Lの3段階で大きさが調整できるボックス。蓋の色は白の他、純正色に似たブラウンとレッドが用意されている

旭精器製作所　オープン価格

ZEGA EVO トップケース 38L

ラピッドトラップクイックリリース付きで簡単脱着できるトップケース。取り付けには専用ブラケット(¥19,600)が必要

ツアラテックジャパン　¥72,999/74,999

ZEGA EVO トップケース XXL

ツアラテック ZEGA シリーズケース最大のトップケース。容量72Lでアドベンチャーヘルメット2個が収納可能。要専用ブラケット

ツアラテックジャパン　¥84,499/87,299

ZEGA EVO トップケース 25L

脱着容易な比較的コンパクトなトップケース。カラーは他のケース同様シルバーとブラックがある。取り付けに専用ブラケットが必要となる

ツアラテックジャパン　¥67,999/69,999

フォーカラーレンズリアボックス 30L

4種類のカラーレンズが付属する容量 30L のボックス。ベースを取り付ければワンタッチで着脱可能。同社製キャリアとセット販売あり

ワールドウォーク　¥6,578

RALLY890 ハードトップケース 32

使い勝手の良い容量 32L のトップケース。外装各所にカーボン柄を用い高級感を演出。取り付け用ベースプレート付属

ラフアンドロード　¥11,000

ツールボックス

H2C 製のツールボックス。樹脂製でノーマルツールボックスと入れ替える形で取り付ける。赤い色合いが存在を主張する

プロト　¥6,050

サイドツールボックス レッド

純正のツールボックスと入れ替えて使うボックス。さりげない部分ながら、確実にカスタム感をアピールできるアイテム

田中商会　¥6,930

ツールボックス

ツアラテック製ツールボックスをハンターカブに装着可能としたアイテム。サイズはおよそ32×18×10cmとなる

ツアラテックジャパン　¥24,800

ツールボックスインナーバッグ

左記のツールボックスに工具を整理して入れられる専用のバッグ。内部はホルダー付きで機能的に工具を収納できる

ツアラテックジャパン　¥6,600

フロントフロアバッグ

フロントフロアスペースにすっぽり収まる容量14Lのバッグ。バッグトップにはクリアスペースを用意し地図やタブレット等が入れられる

ラフアンドロード　¥14,080

センターキャリアバッグ

スマホポケットを装備し、ファスナーとアウター生地に防水性素材を使ったセンターキャリア用バッグ。キャリアとのセット商品もある

エンデュランス　¥2,970

2WAYマルチバッグ

背面でバイクに固定する他、ショルダーバッグとしても使える。2.4Lのメインと0.7Lのサブ2個の収納部を持つ汎用品

スペシャルパーツ武川　¥3,850

2WAYマルチバッグ

カモフラージュ柄がヘビィデューティ感を演出するバッグ。バッグ背面の固定ベルトで車体に固定する

スペシャルパーツ武川　¥3,850

防水サドルバッグ MIL DHS-9

防水二重構造＋ファスナーにより高い防水性と使いやすさを実現したサドルバッグ。金具付き固定ベルト付属、高さ280mm、幅345mm

デイトナ　¥8,800

ミニバッグ

デグナーとコラボして生まれた容量1Lとコンパクトで使いやすいバッグ。車体へのマウントには別売の専用ステー等が必要

Gクラフト　¥30,800

サドルバッグ

デグナーとコラボして生まれた、ショルダーバッグとしても使えるサドルバッグ。取り付け用のステーが同梱。色はブラックとブラウン

Gクラフト　¥43,780

汎用サイドバッグ

背面の固定ボルトで様々な場所に取り付けられるサイドバッグ。サイズは縦215mm、横300mm、奥行き100mm

エンデュランス　¥3,960

ボトルホルダー

一般的な500mlのペットボトルが収納できるボトルホルダー。固定は側面にあるスナップ付き固定ベルトを使用する

スペシャルパーツ武川　¥1,980

防水インテグラルバッグ

ハンターカブのハンドル形状に合うよう設計されたハンドルバーバッグ。外装は耐久性と防水性に優れたコーデュラ素材を使用。装着することで体に当たる風や雨を軽減することもできる

ツアラテックジャパン　¥13,970

ワッシャーフック / コンビニフック

コンビニ袋をぶら下げるのに便利なH2C製のアイテム。1セット2個入りで、アイデア次第で便利に使える

田中商会　¥3,410

Meter
メーター

愛車の状態を正確に把握するのに役立つメーター。常に目にする部分でカスタム時の満足度も高い。

φ48スモール DN タコメーターキット

15,000rpm スケールのホワイトLED仕様メーターを使ったキット。指定回転警告灯が付き、最高回転数記録機能もある。取り付け用ステー付属

スペシャルパーツ武川　¥20,680

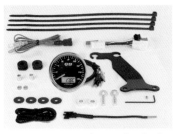

φ48スモール DN タコメーターキット

12,500rpm スケールで温度計、時計、エンジンワークタイマー等の機能を備えた多機能タコメーターキット

スペシャルパーツ武川　¥23,980

φ48スモール DN タコメーターキット

左記のキットと同機能ながら 16,000rpm スケールでオレンジLED仕様のメーターを使ったタコメーターキット

スペシャルパーツ武川　¥23,980

スーパーマルチ DN メーター

ボルトオン装着可能な純正メーターと入れ替えるメーターで、速度、回転数、ギアポジション、温度計、燃料計等、多彩な機能を備える

スペシャルパーツ武川　¥32,780

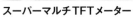

スーパーマルチ TFT メーター

ハンドル周りのイメージチェンジに大きく貢献する多機能メーター。アナログ式の回転計にプラスして、速度、オド / トリップメーター、ギアポジション、温度、バッテリー電圧等多数の機能を搭載する

スペシャルパーツ武川　¥49,500

コンパクトLEDサーモメーターキット

コンパクトなサーモメーターと、マウント用の
ビレットハンドルクランプを組み合わせたキッ
ト。ハンドルクランプのカラーは黒と赤もある
スペシャルパーツ武川　¥13,750

シフトポジションインジケーター kit

カプラーオンで取り付けできる、現在のシフト位置が分かるインジケーター。走行中はもちろん停車
中でも正確にギアポジションを表示してくれる

プロテック　¥19,800

VELONA 電気式タコメーターキットφ48

ボルトオン装着が可能な VELONA タコメーターを使ったキット。メーターは実用回転域にマッチ
した 9,000rpm スケールで、雰囲気を損なわないブラックボディを採用する

デイトナ　¥18,700

デジタルフューエルマルチメーター

ノーマルのガソリンタンクセンサーではなくイ
ンジェクターの噴射パルスから残量を正確に
表示するガソリン残量計

プロテック　¥15,400

Exhaust Muffler
マフラー

見た目、サウンド、走行性能と大
きな変化をもたらしてくれるマフ
ラー。慎重に選びたいパーツだ。

バレル4-S MINIサイレンサー

オフロード走行に対応するアップタイプマフ
ラー。厳しい排気ガス規制・騒音規制に対応し
つつ中高回転域でのパワーアップを実現する
ダートフリーク　¥50,600

スポーツマフラー

純正ヒートプロテクターが装着可能で、ノーマル
スタイルを崩さずパワーアップが可能。安心の
政府認証品だ
スペシャルパーツ武川　¥38,500

スクランブラーマフラー

CL72スタイルをモチーフにしたレトロ感のあ
るマフラー。排気効率に優れパワーアップも可
能。政府認証品
スペシャルパーツ武川　¥49,500

トレイルマフラーフルカバードスタイルヒートガード仕様

大型のヒートガードを備えながらスタイリッ
シュにまとめたマフラー。サブチャンバー付き
で、出だしから太いトルクを発揮。政府認証品
ホットラップ　¥55,000

トレイルマフラーワイヤースタイルヒートガード仕様

純正のモッサリ感をなくしハンターカブ本来の
スタイリッシュデザインを引き出すマフラー。
ステンレス製で安心の政府認証品
ホットラップ　¥52,800

機械曲 GP-MAGNUM サイクロン TYPE-UP EXPORT SPEC

公道規制に対応させつつパワーフィールを大幅に向上。スタイルを崩さないアップタイプマフラー。サイレンサーカバーはカーボン製

ヨシムラジャパン　¥67,100

機械曲 GP-MAGNUM サイクロン TYPE-UP EXPORT SPEC

低速から高速までスムーズに回る高性能マフラー。ステンレス製カバーのSS の他、サテンフィニッシュの SSF、チタンブルーの STB もある

ヨシムラジャパン　¥53,900〜64,900

カーボンヒートガード SET TYPE-1

軽量で丈夫なドライカーボン製で、ブーツやウェアが直接エキパイに接触しないようガードしてくれる。同社製マフラーに対応

ヨシムラジャパン　¥12,100

OUTEX.R-SS-UP-PP

オールステンレス製のアップマフラーでクラシカルなプロテクターが目を引く一品。アルミサイレンサー、チタンサイレンサー仕様もある

OUTEX　¥51,700

ツインテールアップマフラー

大小2つの排気口を持つサイレンサーを使ったマフラー。バッフル調整により3つの排気音量に設定できる。サイレンサー素材は3種ある

ウイルズウィン　¥38,500〜44,000

アップマフラー

ビレットタイプ、スラッシュタイプ、スポーツタイプと3つのエンド、チタン、ステン、ブラックカーボンと3素材から選べるサイレンサーが揃う

ウイルズウィン　¥38,500〜44,000

ハンターマフラー

細身のサイレンサーとヒートプロテクターでCT110を彷彿させる。重量は純正比約50%と軽量で走行性能もアップ。JMCA認定品

エンデュランス　¥46,200/47,300

エキゾーストマフラーガスケット

マフラー交換時、再使用すると排気漏れが起こり性能低下の可能性があるため、必ず新品交換したいマフラーガスケット

キタコ　¥275

Footwork
足周り

走行性能を高めてくれるサスペンションパーツや駆動系パーツといった、足周りに使う製品を紹介。

ハイグレードサスペンション

YSS とのコラボで生まれたハンターカブ専用サスペンション。スプリングプリロード、全長、25段の伸び側減衰力の調整が可能

G クラフト　¥60,500

リアサスペンション

長さ345mm でおよそ 15mm のローダウンが可能なサスペンション。足つき性が良くなり街乗りで非常に乗りやすくなる

エンデュランス　¥12,430

リアショックアブソーバー

減衰力とバネレートを見直し路面追従性を高めたリアショック。スプリングプリロードが5段階で調整可。バネの色は赤、黄、黒、メッキあり

スペシャルパーツ武川　¥12,650

ローダウンリアショックアブソーバー

装着することでシート高が約25mm下げられる取り付けピッチ345mmのリアショック。スプリングの色は4種から選べる

スペシャルパーツ武川　¥13,750

ローダウンリアショックアブソーバー

取り付けピッチ330mmでシート高を約40mm下げられる。純正サイドスタンド不可。フロントフォークを20mm突き出す必要あり

スペシャルパーツ武川　¥13,750

KITACOショックアブソーバー

培ってきたミニバイクのノウハウを最大限引き出して開発。プリロード調整が可能でスプリングカラーはグレーもある。1本販売

キタコ　¥7,040

フォークアップグレードキット

専用スプリング、オイル、PDバルブのキットで、取り付けることで純正フォークに上質なしなやかさと腰を与えてくれるキット

Gクラフト　¥37,400

中空アクスルシャフト

バネ下重量の軽減ができる、中空タイプのフロントアクスルシャフト。クロモリ製ブラック仕上げで、ノーマル比約30g軽量

キタコ　¥3,740

中空アクスルシャフト

純正に対し30g以上の軽量化ができる中空アクスルシャフト。リア用で素材には強固なクロモリ鋼を使用する

キタコ　¥3,630

フロントアクスルシャフト

日本製クロームモリブデン鋼を使い複数回の熱処理を加え歪を丁寧に修正して作られた高精度・高剛性のフロントアクスルシャフト

KOOD　¥19,800

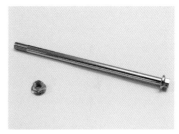

リアアクスルシャフト

強度と粘りを兼ね備えたクロモリ製のリアアクスルシャフト。安全・正確なハンドリングとブレーキングに寄与してくれる

KOOD　¥23,100

ピボットアクスルシャフト

ノーマル比40倍の耐久性を持ち、珍しい3層メッキによりサビにも強いクロモリ製ピボットシャフト。走りの質をアップしてくれる品だ

KOOD　¥23,100

汎用アクスルプロテクターセット

転倒した際、アクスルシャフトの頭やナットが削れて取り外し不可になることを防止。2個セットでカラーは4種類ある

エンデュランス　¥5,280

スイングアーム

純正ルックを再現するため楕円パイプを使ったアルミスイングアーム。ノーマルより1.2kgの軽量化を実現しつつ高い強度を持つ

Gクラフト　¥63,800

17インチアルミワイドホイールリムキット

信頼と実績の EXCEL 社と共同開発。リム幅は F1.85、R1.85とワイド化しつつ軽量化を実現、乗り心地も向上する。ノーマルタイヤ使用可

スペシャルパーツ武川　¥72,600

チューブレスキット

ホイールはそのままチューブレス化できるキット。パンク修理が簡単になるだけでなく、チューブ不要となることでバネ下重量を低減、走行性能や燃費も向上する

OUTEX　¥10,450

ハブダンパー

劣化するとスロットル操作に対し加減速の反応が遅れるようになるハブダンパーの補修品。純正同サイズで4個セット

キタコ　¥1,540

ドライブスプロケット

二次減速比セッティングに効果を発揮するフロント用のスプロケット。歯数は 15、16T をラインナップする

スペシャルパーツ武川　¥1,650

ドリブンスプロケット

歯数 33T のリア用スプロケット。取り付け時、ドライブチェーンをカットしリンク数を合わせる必要がある

スペシャルパーツ武川　¥3,300

ドライブスプロケット（フロント）

二次減速比の変更や、消耗時の補修に使える前用スプロケット。14T、15T、16T の3種から選べる

キタコ　¥1,650/1,760

ドリブンスプロケット（リヤ）

33T から40T までの8種類が揃うリア用スプロケット。減速比を変えることで好みの走行特性に設定できる

キタコ　¥2,200〜2,970

SUNSTAR　フロントスプロケット

純正スプロケットシェア No1のサンスター製高性能スプロケット。純正と同じ14T と低回転・高速走行向けの 15T をラインナップ

国美コマース　¥2,200

スプロケットガードプレート

16または17T のドライブスプロケット使用時に干渉してしまう、純正ガードプレートをリプレイスし問題を解決するアイテム

スペシャルパーツ武川　¥1,650

ワイドチェーンガイドプレート

スプロケットカバーに装着されているノーマルと交換することで、ノーマルより大きいスプロケット（17T まで）が装着できるようになる

キタコ　¥1,430

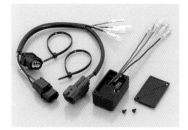

速度パルス変換ユニット

スプロケットの歯数を変更した際にズレてしまうスピードメーター表示の補正を行なうユニット。スプロケット変更時には必須

キタコ　¥11,000

ドライブチェーン GC428MRU2

純正Oリングチェーンに比べ全域で出力アップを実現する軽量シールチェーン。安価ながら内外プレートにゴールドメッキを採用する

アールケージャパン　¥8,800〜

ドライブチェーンアジャストナット

ボリュームのあるデザインで回しやすいドライブチェーン調整用ナット。調整時、工具不要なので整備性に優れる。アルミ製、3色を用意

スペシャルパーツ武川　¥2,420

2ポットブレーキキャリパー

性能はもちろんドレスアップ感も向上するニッシン製ブレーキキャリパー。カラーはレッド、ブラック、ゴールドを用意

キタコ　¥17,050

SBSブレーキパッド　225シリーズ

定評あるSBS製のリア用ブレーキパッド。ストリートタイプでセラミック材を使用。安定した性能と高い耐久性を備えている

キタコ　¥3,960

SBS ブレーキパッド 797シリーズ HF

安定した制動力と高い耐久性を誇るSBS製ブレーキパッド。HFはセラミック材を使ったストリート用で、こちらはフロントに適合

キタコ　¥3,630

SBS ブレーキパッド 797シリーズ RSI

RSIはシンターメタル材を使用したオフロードレーシングに対応した上位シリーズ。フロントに適合する

キタコ　¥5,500

Step
ステップ

体を支える重要パーツ、ステップ。特にオフロード走行時はその重要性は高まるので入念に選びたい。

アジャスタブルステップ

ノーマルのステップバーを交換して取り付けるアルミ削り出しのステップキット。ライディングシューズの収まる幅を確保しつつ大胆に絞り込んだバーは、7ポジションに位置を調整できる

スペシャルパーツ武川　¥15,180

ビレットワイドステップキット

踏面を大きくしたことにより、ライディング時のホールド感を高めてくれるアルミ削り出しのステップ。ノーマルステップラバーの取り付けも可能

スペシャルパーツ武川　¥18,480

ワイドフットペグ クロモリ

排泥性に優れたデザインと、前後幅50mmの広い踏面により安定したライディングをサポート。素材は強度の高いクロモリ鋼を使用

ダートフリーク　¥8,690

ステンレスステップジョイント

スチール製のノーマルから交換することで、見た目の美しさとスムーズな摺動性を維持できるステンレス製のジョイント。固定が割りピンからナット固定となるので整備性も向上する

スペシャルパーツ武川　¥3,080

ACERBIS フットペグカバー

泥の詰まりやすいフットペグ可動部に取り付け、泥詰まりを防止するラバー製のカバー。色はブラック、グレー、オレンジの3種

ラフアンドロード　¥4,950

シフトペダルプレート

ノーマルペダルに取り付けることで踏面を拡大し操作性をアップしてくれるH2C製のアイテム。アルミ製シルバー仕上げ

プロト　¥5,280

リアブレーキペダルプレート

ノーマルのブレーキペダルに装着する、プレート。大きな踏面で操作性が向上。H2C製でアルミのシルバー仕上げ

プロト　¥5,280

Around Engine
エンジン周り

外観を彩ったりパワーアップを図るといった、エンジンに取り付けるパーツ群を紹介していこう。

ZETA エンジンプラグ

アルミ合金をマシン加工後、カラーアルマイト処理したプラグ。ドレスアップと共に軽量化にもなる。別途Oリングが必要

ダートフリーク　¥3,850

タイミングホイールキャップ SET

ジェネレーターカバーのタイミングホールと、フライホイールセンターナットキャップをドレスアップする、アルミ削り出しのキャップセット

キタコ　¥4,180

エンジンキャップ

独特な形状で存在を主張するエンジンキャップ。精度の高いアルミ削り出しで作られ、レッドアルマイトが施される

G クラフト　¥6,050

サービスホールキャップ

左記のエンジンキャップとコンビで使いたいアイテムで、エンジン左サイドを彩ってくれる。アルミ製レッドアルマイト仕上げ

G クラフト　¥4,950

ジェネレータープラグセット

レーザーでメーカーロゴがマーキングされ、エンジンに彩りを加えるプラグセット。アルミ製でカラーはシルバー、ブラック、レッドの3種

スペシャルパーツ武川　¥4,620

オイルフィラーキャップタイプ1

エンジン周りをドレスアップするアルミ削り出しのフィラーキャップ。レッドとゴールドの2カラーから選べる。ワイヤーロック通し穴付き

キタコ　¥3,960

ビレットフィラーキャップ

アルミ削り出し製レッドアルマイト仕上げで、エンジンにワンポイントを加えてくれるフィラーキャップ

G クラフト　¥4,950

オイルレベルゲージ

アルミ削り出しカラーアルマイト処理された色鮮やかなレベルゲージ。カラーはシルバー、ゴールド、レッド、ブルーの4カラー

エンデュランス　¥3,850

オイルフィラーキャップ

シルバー、ブラック、レッドの3タイプが有るアルミ削り出しのオイルフィラーキャップ。ワイヤーロック用の穴が設けられている

スペシャルパーツ武川　¥2,420

オイルフィラーキャップタイプ2

タイプ1がトルクスレンチで操作するのに対し、こちらは通常のレンチを使うデザインのアルミ削り出しキャップ。4つのカラーが選べる

キタコ　¥3,080

ZETA オイルフィラープラグ

アルミ削り出しのフォルムが高級感をプラスしてくれるフィラープラグ。14mm レンチで開閉する。カラーは赤、青、オレンジ、黒の 4つあり

ダートフリーク　¥1,980

マグネット付きドレンボルト

強力マグネット付きでエンジンオイル内の鉄粉を吸着。スティック温度センサー装着用の穴も設けられたアルミ製ドレンボルト。4色あり

スペシャルパーツ武川　¥1,980

アルミドレンボルト

軽量高剛性なアルミ合金を採用したドレンボルト。先端にはマグネットを配し、エンジンオイル内のスラッジを集塵する

キタコ　¥1,320

アルテックボルトキット

純正のボルトと交換することで、右カバーアウタープロテクター部をドレスアップするボルト。3本セットで4色からセレクト可能

スペシャルパーツ武川　¥550

クランクケースカバー

クラッチ側のクランクケースに取り付けるカバー。2トーンカラーで存在感にあふれる品。H2Cのアイテム

プロト
¥12,100

R クランクケースカバーリング

エンジン右側のクランクケースカバー（クラッチカバー）をドレスアップするアイテムで、独特な積層デザインが個性を発揮する。カラーはレッドとガンメタリックが選べる

キタコ　¥9,900

ビレットクラッチカバー

クラッチカバーを靴やブーツなどによる擦れから守るアルミ削り出しのカバー。シルバーアルマイト仕上げで、ドレスアップ効果も高い

Gクラフト　¥9,350

L. シリンダーヘッドサイドカバー

アルミ削り出しで作られたドレスアップ用のカバー。カラーは写真のシルバーのほかに、ブラックが用意されている

スペシャルパーツ武川　¥8,580

アルミヘッドサイドカバー

ブラックアルマイト仕上げとしたアルミ削り出しのヘッドサイドカバー。車体にマッチしたネオレトロなデザインが魅力的

ヨシムラジャパン　¥12,100

シフトガイド

シフトチェンジのギアシャフトのしなりを低減し、シフトタッチを向上させる。アルミ削り出し、シルバーアルマイト仕上げ

Gクラフト　¥9,350

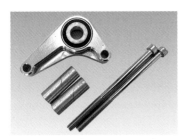

ギアチェンジ スプラインシャフトサポート

ギアチェンジ時に起こるシャフトのたわみを抑制し、スムーズなギアチェンジをサポート。シャフトの支持にはベアリングを使用する

田中商会　¥4,180

シフトシャフトサポートホルダー

シフトシャフトを保持することによって、シャフトのねじれを軽減、確実なシフト操作を可能にする。カラーは赤、金、青、黒の4色を用意

スナイパー　¥7,480

ZETAドライブカバー

ノーマルより強度、メンテナンス性に優れマディー走行時の泥噛みを低減。アルミ削り出しで色はレッド、ブルー、チタン、ブラックの4種

ダートフリーク　¥5,830

ハイパーチューニングキット

排気量はそのままに出力向上させるキットで、ハイコンプピストン、ハイカム、セッティング用FIコン TYPE-e が同梱される

スペシャルパーツ武川　¥69,960

eステージαボアアップキット 143cc

リーズナブルな価格で排気量と出力アップが楽しめるキット。アルミ製シリンダー、N-15カム、FIコン TYPE-e が付属する

スペシャルパーツ武川　¥74,250

S ステージαボアアップキット 181cc

オイルクーラー用の取り出しが付いたアルミシリンダーを使用する同社最強のキット。全域において大きくパワーアップする

スペシャルパーツ武川　¥90,200

スポーツカムシャフト

装着することで中高回転域でパワーアップするカムシャフト。ノーマルマフラー・ノーマルピストンと組み合わせるならセッティングは不要
スペシャルパーツ武川　￥10,780

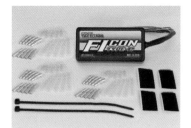

FI コン TYPE-e

チューニング用エンジンパーツ取り付け時に使いたいセッティングパーツ。同社製パーツ装着時のセッティングデータを複数内蔵する
スペシャルパーツ武川　￥44,000

スーパーオイルポンプキット

ノーマルに対し約35％能力を強化し、エンジン各部へ送られるオイル量、油圧、オイルレベルを適正にする
スペシャルパーツ武川　￥6,930

クラッチスプリング20kセット

チューニング時に起こるクラッチの滑りを解消する、純正比30％強化のクラッチスプリング。組み合わせにより強化率を調整できる
スペシャルパーツ武川　￥3,630

クランクシャフトサポートアダプター

ステーター内部にベアリングを追加、クランクシャフトを4点支持とすることで、ボアアップエンジンの高回転時のクランク振れを制限する
スペシャルパーツ武川　￥10,450

ダイハードαカムチェーン

チューニングエンジンに使いたい剛性と耐摩耗性に優れた高精度ソリッドブッシュチェーン。ダイハードα処理により表面は硬い被膜を持つ
スペシャルパーツ武川　￥4,620

スーパーカムチェーンテンショナー

高強度な超々ジェラルミンで作られたテンショナー。プッシュロッド接地面を増やすことでプッシュロッドの寿命を大幅に向上
スペシャルパーツ武川　￥9,680

ハイパーイグニッションコイル

全回転域の放電電圧が向上し、最適な燃焼状態を目指せるイグニッションコイル。色はオレンジ、ブラック、ブルー、レッド、イエローがある
スペシャルパーツ武川　￥4,180

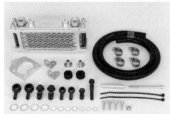

コンパクトクールキット（4フィン / ラバーホース）

4フィン 5オイルラインの大型オイルクーラーとラバーホースを使うオイルクーラー。同社製181cc キットとの併用が必要
スペシャルパーツ武川　￥33,000

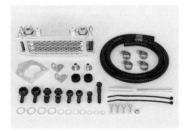

コンパクトクールキット（3フィン / ラバーホース）

同社製181cc ボアアップキットと併用するオイルクーラー。3フィン 4オイルラインのクーラーとラバーホースを組み合わせたキット
スペシャルパーツ武川　￥30,800

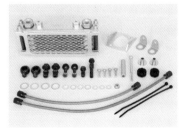

コンパクトクールキット（4フィン/スリムラインホース）

スリムなメッシュホースをラインに使用したオイルクーラーキットで、クーラー本体は4フィン5オイルライン仕様
スペシャルパーツ武川　￥36,300

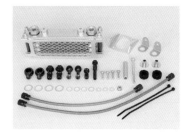

コンパクトクールキット（3フィン/スリムラインホース）

3フィン4オイルラインのコンパクトなクーラーを使ったキット。ホースはスリムラインタイプを使用。同社製181ccキット装着車用

スペシャルパーツ武川　¥34,100

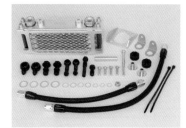

コンパクトクールキット（4フィン/ブレードホース#4）

存在感のある黒いブレードホースを使ったオイルクーラーキット。クーラー本体の仕様は4フィン5オイルライン

スペシャルパーツ武川　¥46,200

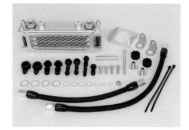

コンパクトクールキット（3フィン/ブレードホース#4）

3フィン4オイルラインのクーラーを使ったキットで、181ccエンジンの熱を効果的に下げることができる

スペシャルパーツ武川　¥44,000

D-プライムエアクリーナーKit ビレットタイプ

存在感ある削り出し吸入口を持つ、同キットのビレットタイプ。ボディはステンレス製をバフ仕上げとしたものでクオリティも高い

ウイルズウィン　¥30,800

D-プライムエアクリーナーKit スポーツタイプ

サイレンサーのようなエンドが特徴な、エアクリーナーキットのスポーツタイプ。吸気量の調整が可能になっている

ウイルズウィン　¥30,800

D-プライムエアクリーナーKit バレットタイプ

本キットのバレットタイプはアルミ削り製エンドを採用。全タイプとも、還元パイプ、吸気温度センサーに対応している

ウイルズウィン　¥30,800

D-プライムエアクリーナーKit スラッシュタイプ

スラッシュカット形状のエンドを持つエアクリーナーキットで、エンドはアルミ削り出し製。性能向上はもちろん、ドレスアップ効果も高い

ウイルズウィン　¥30,800

エアクリーナーKit

オールステンレス製のエアクリーナーキット。必要吸気量に合わせて一定範囲内で無段階に調整でき、簡単にセッティングができる

ウイルズウィン　¥24,200

ハイパーバルブ

クランクケース内に発生する圧力抵抗を減らしパワーロスを解消。エンジンブレーキ低減、レスポンス向上、燃費アップが図れる

ウイルズウィン　¥4,400

ブリーズタイプ エアクリーナーKit

従来のキットよりも低価格を実現、手軽にパワーフィルター化できるアイテム。ボディはプラスチック製でボルトオン装着が可能

ウイルズウィン　¥13,200

フライホイールプーラー

エンジン分解時に必要不可欠な、フライホイール取り外し用の工具。ノーマルのフライホイールに対応している

スペシャルパーツ武川　¥4,840

Oリング

オイル漏れやにじみ時に使いたい補修用のOリングで、オイルフィラーキャップ、オイルレベルゲージに適合する18×3.6サイズ

キタコ　¥264

Exterior
外装関係

車体の様々な部分に適合し、スタイルを変えたり彩りを添えるエクステリアパーツを紹介していく。

ZETAエンジンプロテクションアンダーフレームキット
直径22mmのスチール製パイプを使ったアンダーフレーム。張り出し部には社外製フォグランプやアクションカムなどが取付可能
ダートフリーク　¥16,500

サブフレームキット
純正アンダーガードがそのまま使え、イメージを崩さずカスタムできるキット。クロムメッキ仕様とブラック塗装仕様が選べる
スペシャルパーツ武川　¥14,300/17,600

レッグバンパー&シールドキット
立ちごけ等の軽度な転倒からエンジンやチェンジペダルを保護するレッグバンパーと、それに取り付けることで風防効果が得られるシールドのセット。純正アンダーガード使用可能
スペシャルパーツ武川　¥32,780

ブッシュガード
不整地走行時、雑草や小枝から足元を守ってくれるガードパイプ。シルバー（ステンレス）とブラック（スチール）の2種をラインナップ
キタコ　¥17,600/18,700

パイプエンジンガード
φ25.4mmのスチールパイプを使った強固なエンジンガード。エンジンガード本体上部のストレート区間を長くすることで、アクションカメラ等が取付可能となっている
デイトナ　¥25,300

エンジンガード
純正ダウンチューブに取り付けるアイテム。林道等を走行中にブッシュから足を守ってくれる。スチール製、パウダーコートブラック仕上げ
Gクラフト　¥18,480

パイプエンジンガード
φ25.4mmの鉄製パイプで作られたエンジンガード。上記の同社製ガードに比べ、上側の曲げが大きく、上部がより張り出した印象を受けるデザインがポイント
デイトナ　¥25,300

AF レッグ風防

雨風や虫を防ぎ、疲労や寒さ、運転のしづらさを軽減してくれる。本体はカーボン柄のAES樹脂製で、縁のモールは白と赤の2色を設定

旭精器製作所　¥9,900

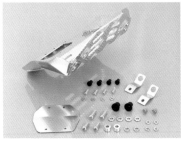

スキッドプレート

エンジンの下部を飛び石などからガードしつつ、ドレスアップも同時にできるプレート。装着したままでオイル交換ができるメンテナンスリッドを装備。カラーはシルバーとブラック

キタコ　¥26,400

ZETAエンジンプロテクションアンダーガード

3.2mm厚のアルミ合金で作られたエンジンガード。オフロード走行時、飛び石などからエンジンを守ってくれる

ダートフリーク　¥18,150

ZETA ヘッドライトガード

丈夫なアルミ製フレームと照射を妨げないポリカーボネート製プロテクターを組み合わせた、ハイブリッド構造のヘッドライトガード

ダートフリーク　¥8,580

ヘッドライトガード

ヘッドライトの光を遮ることなく使えるガード。トレッキングイメージを高めつつライト周りを引き締める。シルバーとブラックがある

スペシャルパーツ武川　¥8,580

ヘッドライトガード

ライト周りにヘビィデューティな雰囲気を付け加えてくれるH2C製のアイテム。スチール製でカラーはブラック

プロト　¥11,880

ヘッドライトガード

ヘッドライト周りの損傷を抑え、オフロード的なルックスを与えてくれるアイテム。専用設計によりライトの照射を妨げることがない

Gクラフト　¥11,880

フロントバンパー

フロント周りを強力に演出しつつ、ヘッドライトの損傷を防止してくれるバンパー。スチール製でパウダーコートブラック仕上げがされる

Gクラフト　¥12,650

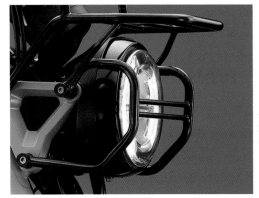

ヘッドライトガード

現地ではホンダ純正扱いとなるタイのH2Cブランドのヘッドライトガード。バイクにハードなイメージを追加する

田中商会
¥12,100

ヘッドライトプロテクター

クイックリリース機構により簡単に外せ洗車時に便利なプロテクター。ステンレス製でサビにも強い。取り付けはボルト2本と簡単

ツアラテックジャパン　¥14,300

ナンバープレートブラケットキット

ナンバープレートより大きくはみ出して見える純正から変更することで、スッキリとしたナンバー周りを実現するブラケットキット

エンデュランス　¥4,950

リアフェンダーガード

トレッキングイメージを高めてくれるアイテムで、ボルトオン装着可能。カラーは写真のシルバーの他、ブラックがチョイス可能

スペシャルパーツ武川　¥9,680

リアバンパー

テールランプ損傷を防ぐバンパー。リアキャリアに積載した荷物がテールランプに当たるのを防いでくれる

Gクラフト　¥10,780

ライセンスプレートボルト

小さいながらもドレスアップ効果も高いナンバー固定用ボルト。表面の凹みに別売のラインストーンを追加しグレードアップも可能

スペシャルパーツ武川　¥2,310

フロントエンブレムセット TYPE-1

フォーク部に取付可能なエンブレムのステーのセット。横16cm、縦4cmのエンブレムはホンダ純正品を使用する

田中商会　¥5,170

フロントエンブレムセット TYPE-2

ホンダ純正エンブレムを使ったセットで、エンブレムのサイズは横18.5cm、縦4.5cm。取付部品等が付属する

田中商会　¥5,390

アルミチェーンガード

シャープなデザインのアルミ製チェーンガード。樹脂製のノーマルから交換することでリア周りをスタイリッシュにしてくれる

スペシャルパーツ武川　¥7,150

ハーフチェーンケース

コンパクトかつシンプルなデザインのチェーンケースでアルミとスチールを組み合わせたH2C製

プロト
¥9,900

アルミチェーンカバー

車体にマッチするようデザインされたアルミ製チェーンカバー。泥の排出性を高める効果もある。表面はヘアライン仕上げとなる

Gクラフト　¥9,570

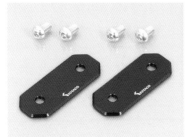

タンデムホールカバー

タンデムステップを外した際、スイングアームに残る穴をスタイリッシュに隠してくれるカバー。アルミ削り出しで、仕上げのアルマイトカラーはレッド、ブラック、ガンメタから選べる

キタコ　¥3,520

ZETA リヤブレーキクレビス

リアブレーキペダルとマスターシリンダーの接続部で、軽量化と高剛性化によりリアブレーキの操作感が向上する

ダートフリーク　¥2,860

Other Items
その他

最後に、これまでのジャンルに当てはまらないアイテムを紹介する。便利アイテムも多いので要注目だ。

LEDフォグランプキット 950 1個入

濃い霧や激しい雨の時でも走行時の視認性を高め、夜間走行時の安全性を高められるフォグランプのキット。純正ヘッドライトステーに装着する

スペシャルパーツ武川　¥10,780

LEDフォグランプキット 950 2個入

右上のフォグランプキットの、ライト2個セット。より強力に前方を照らしシンメトリーなフォルムを作り出す

スペシャルパーツ武川　¥15,730

LEDフォグランプキット 950 1個入 SP武川製サブフレーム装着車用

同社製のサブフレームとの同時装着が前提となるフォグランプキット。専用の取り付けクランプにより、サブフレームに装着する。装着には簡単なギボシ加工が必要。付属するライトは1つ

スペシャルパーツ武川　¥14,080

LEDフォグランプキット 950 2個入

同社製サブフレーム装着車専用の、2個のフォグランプがセットになったアイテム。車体への加工無しで装着できる

スペシャルパーツ武川　¥22,880

LEDフォグランプキット 950 1個入

SP武川製レッグバンパーとの同時装着が前提となる、シングルタイプのフォグランプ。暗い夜道でも安心して走れる

スペシャルパーツ武川　¥10,780

LEDフォグランプキット 950 2個入

左記商品同様、レッグバンパー装着車用のフォグランプで、左右にライトを配する2個セット。周囲からの認識を高め事故防止にも貢献する

スペシャルパーツ武川　¥15,180

LED フォグライト KS322

アルミボディにヒートシンクを設けることで安定した発光状態を維持。φ21/25mmパイプに取り付けできるクランプ付

ダートフリーク　¥60,500

LED シャトルビーム KIT

同社製ブッシュガード装着車用のコンパクトで強力なランプ。ランプのカラーはライムイエローとクリアがある

キタコ　¥6,380/6,600

LED シャトルビーム追加 KIT

左記のキットを2灯にするための追加キット。エンジン始動後常時点灯する。タイプは写真のライムイエローとクリアがある

キタコ　¥4,840/5,060

フォグライト DM セット

デナリ製のフォグライトDMを取り付けられるキット。小型で明るい10WのLEDライト2つが暗い道で活躍する

ツアラテックジャパン　¥39,490

フォグランプブラケット

同社製のフロントバンパーに取り付けるフォグランプステー。フォグランプやウェアラブルカメラのマウントに

G クラフト　¥5,500

LEDマルチリフレクターヘッドライトkit

ノーマルと交換するだけで明るさが3倍に向上。発光色は白い6,000ケルビンとハロゲン色の3,000ケルビンをラインナップする

プロテック　¥32,780

エアフローシートカバー S サイズ

通気性とクッション性をノーマルシートに追加できるシートカバー。装着はかぶせるだけ。座面にグリップと通気に優れた立体メッシュを採用

スペシャルパーツ武川　¥2,750

クッションシートカバー

適度なグリップ力を持つライチ柄表皮を使ったシートカバー。振動の軽減と優れたクッション性を持つ。ステッチの色は赤と白がある

スペシャルパーツ武川　¥4,180

クッションシートカバー（ブラック/レッド）

黒と赤の2トーンカラーを採用したシートカバー。ディンプル表皮仕様でスタイルアップと共にクッション性をシートに追加できる

スペシャルパーツ武川　¥4,180

クッションシートカバー（ダイヤモンドステッチ）

シートに強い個性を与えるダイヤモンドステッチを採用したシートカバー。特殊スポンジ採用でクッション性もアップする。色は茶と黒

スペシャルパーツ武川　¥5,280

クールカバー

シートとお尻の間に空気の層を作り、熱をこもりにくくするシートカバー。強い日差しでもシートが熱くなりにくいのもメリット

ツアラテックジャパン　¥11,825

マルチスルー 3D メッシュシート

3D メッシュ 3枚重ね構造でお尻に優しく、通気による放熱効果で快適に乗れるシート。マジックテープによる簡単取り付け

ラフアンドロード　¥2,178

EFFEX GEL-ZAB C

坐骨位置に集中搭載したエクスジェルにより乗車時のお尻の痛みを緩和するシートカバー。色はレッド、タン、ブラックの3種を用意

プロト　¥10,450

ピリオンシート

快適なタンデムランのために用意したいリアキャリアに取り付けるシート。工具不要で脱着できるのもポイント

スペシャルパーツ武川　¥7,920

エアフローシートカバー

同社製ピリオンシート用のカバー。被せるだけの簡単装着で適度なグリップ力と優れた通気性が得られる

スペシャルパーツ武川　¥2,145

タンデムシート

前側はキャリア本体に引っ掛け、後部をボルトで固定するタンデムシート。シート後方には G クラフトのロゴがエンボス加工されている

G クラフト　¥17,050

ZETAサイドスタンドエクステンダー

接地面積を拡大し、砂地などサイドスタンドが埋まり込んでしまう場所でも安定した駐車を可能にする。アルミ製

ダートフリーク　¥4,950

サイドスタンドボード

ボルト4本で簡単取付可能なワンポイントアクセサリー。レッド、ブルー、ゴールド、シルバーの4色からチョイスできる。A6063アルミ製

エンデュランス　¥6,820

アジャスタブルサイドスタンド

ローダウンした際に併用したい、全長が調整できるサイドスタンド。調整範囲はノーマルより 36mm 短縮〜 19mm 延長までをカバーする

スペシャルパーツ武川　¥17,380

ワイドアジャストスタンド

不整地での駐車でも安心な大きな接地面を持つスタンドで、長さを 140〜 200mm の範囲で調整可能。純正スタンドセンサー使用不可

G クラフト　¥9,680

強化サイドスタンドブラケット

荷台に多くの荷物を載せた場合でもフロントが浮き上がり不安定にならないよう、スタンドの位置と傾きを調整するブラケット

エンデュランス　¥9,900

右側スタンドホルダー

CT110を彷彿させる、サイドスタンドを右側に取り付けるためのホルダー。取り付けの際は別途スタンドを用意する必要がある

G クラフト　¥14,080

右側サイドスタンドキット

強度の高いブラケットステーを使った安定度の高い右側サイドスタンドのキット。使ってみるとその便利さが体感できるアイテム

エンデュランス ￥14,960

ヘルメットホルダー

エアクリーナーリッド部分に取り付けるヘルメットホルダーで、日常の使い勝手を向上させる。専用キー2個付属

キタコ ￥3,520

ヘルメットホルダー

純正ライクなデザインにより車両の雰囲気を崩さないヘルメットホルダー。純正ツールボックスと共締めして取り付ける

デイトナ ￥3,960

ヘルメットホルダーキット

工具ボックスと共締めして取り付けるタイプのヘルメットホルダー。車体を加工することなく取り付けが可能で、簡単に利便性を上げることができる

エンデュランス ￥3,740

サイドスタンドスイッチキャンセラー

サイドスタンド使用時のエンジンストップ機能をキャンセルするハーネス。装着後の取り扱いには充分注意すること

キタコ ￥330

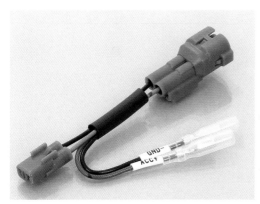

電源取り出しハーネス

ヘッドライトケース内にあるオプションカプラーに接続することで、簡単にアクセサリ電源(+)を取り出せる

キタコ
￥1,320

盗難警報機 CS-550M

デジタル3Gセンサーを使用し誤作動がほとんどない警報機。セット時の車体姿勢を記憶し5度以上変化すると122dbの警報音を鳴らす

プロテック ￥14,520

SHOP LIST

OUTEX	http://www.outex.jp/	072-437-7722	ダートフリーク	https://www.dirtfreak.co.jp/	
アールケージャパン	http://www.rk-japan.co.jp/	0120-127-254	ツアラテックジャパン	https://www.touratechjapan.com/	042-850-4790
アクティブ	http://www.acv.co.jp/	0561-72-7011	デイトナ	https://www.daytona.co.jp/	0120-60-4955
アルキャンハンズ	http://alcanhands.co.jp		リベルタ	http://www.barkbusters.xii.jp/	03-3703-0125
ウイルズウィン	https://wiruswin.com/	0120-819-182	プロテック	https://www.protec-products.co.jp/	044-870-5001
エンデュランス	https://endurance-parts.com/		プロト	https://www.plotonline.com/	
キタコ	https://www.kitaco.co.jp/	06-6783-5311	ホットラップ	http://hotlap.jp/	089-978-6156
KOOD	http://kouwaind.web.fc2.com/kood/	072-289-6407	ヨシムラジャパン	https://www.yoshimura-jp.com/	
国美コマース	https://www.sunstar-kc.jp/		ラフアンドロード	https://rough-and-road.weblogs.jp/	045-840-6633
Gクラフト	https://www.g-craft.com/	0595-85-3608	ワールドウォーク	https://world-walk.com/	03-5878-1918
スナイパー	https://sniper.parts/	072-625-6764	旭精器製作所	http://www.af-asahi.co.jp/	03-3853-1211
スペシャルパーツ武川	http://www.takegawa.co.jp/	0721-25-1357	田中商会	https://www.monkeyparts.net/	0949-28-9787

HONDA CT125
HUNTER CUB
CUSTOM & MAINTENANCE
ホンダ CT125 ハンターカブ カスタム&メンテナンス

2021年7月5日 発行

STAFF

PUBLISHER
高橋清子　Kiyoko Takahashi

EDITOR / WRITER
佐久間則夫　Norio Sakuma

DESIGNER
小島進也　Shinya Kojima

ADVERTISING STAFF
西下聡一郎　Soichiro Nishishita

PRINTING
中央精版印刷株式会社

PLANNING, EDITORIAL & PUBLISHING
(株)スタジオ タック クリエイティブ
〒151-0051 東京都渋谷区千駄ヶ谷3-23-10　若松ビル2F
STUDIO TAC CREATIVE CO.,LTD.
2F, 3-23-10, SENDAGAYA SHIBUYA-KU, TOKYO 151-0051 JAPAN
[企画・編集・デザイン・広告進行]
Telephone 03-5474-6200　Facsimile 03-5474-6202
[販売・営業]
Telephone 03-5474-6213　Facsimile 03-5474-6202

URL https://www.studio-tac.jp
E-mail stc@fd5.so-net.ne.jp

STUDIO TAC CREATIVE
㈱スタジオ タック クリエイティブ
©STUDIO TAC CREATIVE 2021 Printed in JAPAN

●本書の無断転載を禁じます。
●乱丁、落丁はお取り替えいたします。
●定価は表紙に表示してあります。

ISBN978-4-88393-893-3